Sitzungsberichte und Abhandlungen der Preussischen Akademie der Wissenschaften zu Berlin

Inhaltsverzeichnis

Neue Bezugsbedingungen für die
Sitzungsberichte s. letzte Umschlagseite

Allgemeines

Bericht über die zur Bekanntmachung geeigneten Verhandlungen der Kgl. Preuss. Akademie der Wissenschaften zu Berlin. Oktav. Jahrg.1836 — 3.--

Bericht über die öffentliche Sitzung vom 27.I.1910. Oktav. 1910 — 2.50

Generalbericht über die Gründung, bisherige Tätigkeit und weitere Pläne der Deutschen Kommission. Oktav. 1905 — 1.--

Harnack, A., Bericht über die Abfassung der "Geschichte der kgl.preuss. Akademie der Wissenschaften zu Berlin". Oktav. 1900 — 1.--

- Geschichte der Kgl. preuss. Akademie der Wissenschaften zu Berlin. 3 Bde. Mit 8 Porträts. Oktav. 1900 — 60.--
- Die Kgl. preuss. Akademie der Wissenschaften. Rede zur Zweihundertjahrfeier in der Festsitzung vom 20.März 1900. Oktav. 1900 — 2.--
- Die goldenen Jubiläen in der Kgl. Akademie der Wissenschaften. Ein Beitrag zur Geschichte derAkademie. 6 S. Oktav. 1915 — 1.--

Register für die Monatsberichte der Kgl. Preuss. Akademie der Wissenschaften zu Berlin vom Jahre 1836-1858. Oktav. 1860 — 6.--

- vom Jahre 1859-1873. Oktav. 1875 — 3.--
- vom Jahre 1874-1881. Oktav. 1884 — 3.--

Spranger, E., Der Sinn der Voraussetzungslosigkeit in den Geisteswissenschaften. Oktav. 1929 — 2.--

Stieda, W., Johann Bernoulli in seinen Beziehungen zum preussischen Herrscherhause und zur Akademie der Wissenschaften. Quart. 1926 — 7.--

Trendelenburg, A., Die Kgl. Preuss. Akademie der Wissenschaften unter dem Könige Friedrich Wilhelm IV. Quart. 1861 — 1.20

Verzeichnis der Abhandlungen der Kgl.Preuss.Akademie der Wissenschaften von 1710-1870 in alphabetischer Folge des Verfassers. Oktav. 1871 — 4.--

Zweihundertjahrfeier, Die, der Kgl. Preuss. Akademie der Wissenschaften am 19. und 20. März 1900. Mit 6 Tafeln. Oktav. 1900 — 6.--

1. Religionswissenschaft, Kirchengeschichte

Brackmann, A., Heinrich IV. als Politiker beim Ausbruch des Investiturstreites. Oktav. 1927 2.--
- Zur Geschichte der Hirsauer Reformbewegung im XII. Jahrhundert. Quart. 1928 8.50
- Die Entstehung der Andechser Wallfahrt. Quart. 1929 9.--

Bresslau, H., Aus der ersten Zeit des grossen Abendländischen Schismas. Quart. 1919 2.50

Burdach, K., Longinus-Speer in eschatologischem Lichte. Oktav. 1920 2.--

Dickamp, F., Mitteilungen über den neuaufgefundenen Kommentar des Oekumenius zur Apokalypse. Oktav. 1901 1.--

Duemmler, E., Sigeberts von Gembloux passio Sanctae Luciae virginis und passic Sanctorum Thebeorum. Quart. 1893 6.50
- Ueber das Leben und Schriften des Mönchs Theoderich (von Amorbach). Quart. 1894 2.--
- Ueber den furor teutonicus. Oktav. 1897 1.--
- Hrabanstudien. Oktav. 1898 2.--
- Gedächtnisrede auf Wilhelm Wattenbach. Quart. 1898 2.--
- Ueber die Entstehung der Lorcher Fälschungen. Oktav. 1898 2.--
- Ueber eine Synodalrede Papst Hadrians II. Oktav. 1899 1.--
- Radberts epithaphium arseni. Quart. 1900 4.50
- Ueber den Dialog De statu sanctae ecclesiae. Oktav. 1901 2.--
- Eine Streitschrift für die Priesterehe. Oktav. 1902 2.--
- Gedächtnisrede auf Paul Scheffer-Boichhorst. Quart. 1902 1.--

Erdmann, C., Das Papsttum und Portugal im ersten Jahrhundert der portugiesischen Geschichte. Quart. 1928 9.50

Freitag, A., Die Urschrift der Lutherbibel als Dokument für Luthers Benutzung der deutschen Bibel des Mittelalters. Oktav. 1929 2.--

Gerhard, E., Ueber die Hesiodische Theogonie. Quart. 1856 2.20
- Ueber die Anthesterien und das Verhältnis des attischen Dionysos zum Koradienst. Mit 4 Kupfertafeln. Quart. 1859 4.--
- Ueber Orpheus und die Orphiker. Quart. 1861 2.80
- Ueber den Bilderkreis von Eleusis. 1.Abhandlung. Mit 2 Kupfertafeln. Quart. 1863 2.20

Goltz, E.Frhr.v., Unbekannte Fragmente altchristlicher Gemeindeordnungen. Nach G.Horners englischer Ausgabe des äthiopischen Kirchenrechtsbuchs. Oktav. 1906 2.--

Gressmann, H., Die ammonitischen Tobiaden. Oktav. 1921 1.--
- Ode Salomos 23. Oktav. 1921 1.--

Harnack, A., Ueber die "Ordinationes" im Papstbuch. Oktav. 1897 2.--
- Ueber zwei von Grenfell und Hunt entdeckte und publizierte altchristliche Fragmente. Oktav. 1898 1.--
- Ueber den ursprünglichen Text Act.Apost.11.27.28. Oktav. 1899 1.--
- Vorläufige Bemerkungen zu dem jüngst syrisch und lateinisch publizierten "Testamentum domini nostri Jesu Christi." Oktav. 1899 1.--
- Ueber die beiden Rezensionen der Geschichte des Prisca und des Aquila in Act.Apost.18, 1-27. Oktav. 1900 1.--
- Zu den Amherst-Papyri. Oktav. 1900 1.--
- Ein in georgischer Sprache überliefertes Apokryphon des Joseph von Arimathia. Oktav. 1901 1.--
- Der Brief des Ptolemäus an die Flora. Oktav. 1902 2.50

- Einige Bemerkungen zum 5.Buch der Kirchengeschichte des Eusebius nach der neuen Ausgabe von Eduard Schwartz. Oktav 1903 — 1.--
- Forschungen auf dem Gebiet der alten grusinischen und armenischen Literatur. Referat. Oktav. 1903 — 1.--
- Der Brief des britischen Königs Lucius an den Papst Eleutherus. Oktav. 1904 — 2.--
- Ein neues Fragment aus den Hypotyposen des Clemens. Oktav. 1904 — 1.--
- Ueber die Herkunft der 48 (47) ersten Päpste. Oktav. 1904 — 2.--
- Untersuchungen über den apokryphen Briefwechsel der Korinther mit dem Apostel Paulus. Oktav. 1905 — 2.50
- Die Retraktationen Augustins. Oktav. 1906 — 2.50
- Die Zeitangaben in der Apostelgeschichte des Lukas. Oktav. 1907 — 2.--
- Die angebliche Synode von Antiochia im Jahre 324/5. Oktav. 1908 — 1.--
- - II. Artikel. Oktav. 1909 — 2.--
- Festrede. Oktav. 1910 — 1.--
- Geschichte eines programmatischen Worts Jesu (Matth. 5,17) in der ältesten Kirche. Eine Skizze. Oktav. 1912 — 2.--
- Tertullians Bibliothek christlicher Schriften. Oktav. 1914 — 2.--
- Die älteste griechische Kircheninschrift. Oktav. 1915 — 2.--
- Zur Geschichte der Anfänge der inneren Organisation der stadtrömischen Kirche. Oktav. 1918 — 2.50
- Ueber I.Kor.14, 32 ff. und Röm.16, 25 ff. nach der ältesten Ueberlieferung u.d. Marcianit. Bibel. Oktav. 1919 — 1.--
- Studien zur Vulgata des Hebräerbriefes. Oktav. 1920 — 2.--
- Die älteste uns im Wortlaut bekannte dogmatische Erklärung eines römischen Bischofs. Oktav. 1923 — 1.--
- Das "Wir" in den Johanneischen Schriften. Oktav. 1923 — 2.--
- Der apokryphe Brief des Apostels Paulus an die Laodicener, eine Marcianitische Fälschung aus der 2.Hälfte des 2.Jahrhunderts. Oktav. 1923 — 1.--
- Reden Pauls von Samosata an Sabinus (Zenobia?) und seine Christologie. Oktav. 1924 — 2.--
- Der erste deutsche Papst (Bonifatius II., 530-32) und die beiden letzten Dekrete des römischen Senats. Oktav. 1924 — 2.--
- Der apokryphe Brief des Paulusschülers Titus De dispositione sanctimonii. Oktav. 1925 — 2.50
- Die Bezeichnung Jesu als "Knecht Gottes" und ihre Geschichte in der alten Kirche. Oktav. 1926 — 2.--
- Christus praesens - Vicarius Christi. Oktav. 1927 — 2.--
- Ecclesia Petri propinqua. Oktav. 1927 — 1.--
- Das Alte Testament in den Paulinischen Briefen und den Paulinischen Gemeinden. Oktav. 1928 — 2.--
- Die ältesten Evangelien-Prologe und die Bildung des neuen Testaments. Oktav. 1928 — 2.--
- Zwei alte dogmatische Korrekturen im Hebräerbrief. Oktav. 1929 — 1.--

Helm, R., Die neuesten Hypothesen zu Eusebius' (Hyronimus) Chronik. Oktav. 1929 — 2.50

Herzog, R., Das panhellenische Fest und die Kultlegende von Didyma. Oktav. 1905 — 1.--

Hiller von Gaertringen, F.Frhr.v., Ueber eine jüngst auf Rhodos gefundene Bleirolle, enthaltend den 80.Psalm. Mit 1 Tafel. Oktav. 1898 — 1.--

Holl, K., Die Zeitfolge des ersten origenistischen Streits. Jülicher, Adolf, Bemerkungen zu der Abhandlung des Herrn Holl: Die Zeitfolge des ersten orgenistischen Streits. Oktav. 1916 — 2.50

- Die Schriften des Epiphanius gegen die Bilderverehrung. Oktav. 1916 — 2.50
- Ueber Zeit und Heimat des pseudotertullianischen Gedichts adv. Marcionem. Oktav. 1918 — 2.50
- Die Entstehung der vier Fastenzeiten in der griechischen Kirche. Quart. 1923 — 2.25
- Die Bedeutung der neuveröffentlichten melitianischen Urkunden für die Kirchengeschichte. Oktav. 1925 — 1.--

Kehr, P., Das Papsttum und der katalanische Prinzipat bis zur Vereinigung mit Aragon. Quart. 1926 — 13.50
- Erzbistum Magdeburg und die erste Organisation der christlichen Kirche in Polen. Quart. 1920 — 2.75
- Zur Geschichte Wiberts von Ravenna (Clemens III.) I. Oktav. 1921 — 1.--
- dto. dto. II. Oktav. 1921 — 1.--
- Die ältesten Papsturkunden Spaniens. Quart. 1926 — 17.--
- Wie und wann wurde das Reich Aragon ein Lehen der römischen Kirche? Oktav. 1928 — 2.--
- Das Papsttum und die Königreiche Navarra und Aragon bis zur Mitte des 12. Jahrhunderts. Quart. 1928 — 9.--

Klostermann, E., Die Schriften des Origines in Hieronymus' Brief an Paula. Oktav. 1897 — 1.--

Kögel, P.R., Die Palimsestphotographie. Ein Beitrag zu den philologisch-historischen Hilfswissenschaften. 5 S. Oktav. 1914 — 1.--

Konow, St., Ein Beitrag zur Geschichte des Buddhabildes. Oktav. 1928 — 1.--

Kuhn, A., Ueber Entwicklungsstufen der Mythenbildung. Quart. 1874 — 1.--

Lietzmann, H., Der Psalmenkommentar Theodors von Mopsuestia. Oktav. 1902 — 1.--
- Gedächtnisrede auf Karl Holl. Oktav. 1927 — 1.--
- Das Problem der Spätantike. Oktav. 1927 — 2.--
- Die Landmauer von Konstantinopel. Quart. 1929 — 11.50

Loofs, F., Die Trinitätslehre Marcells von Ancyra und ihr Verhältnis zur älteren Tradition. Oktav. 1902 — 2.--
- Die chronologischen Angaben des sog. "Vorberichts" zu den Festbriefen des Athanasius. Oktav. 1908 — 1.--
- Das Glaubensbekenntnis der Homousianer von Sardica. Quart. 1909 — 2.--
- Zwei mazedonische Dialoge. 26 S. Oktav. 1914 — 2.--
- Das Bekenntnis Lucians, des Märtyrers. 28 S. Oktav. 1915 — 2.--

Maas, P., Zu den Beziehungen zwischen Kirchenvätern und Sophisten. I. Drei neue Stücke aus der Korrespondenz des Gregorios von Nyssa. 12 S. 1912 — 1.--
- - II. Der Briefwechsel zwischen Basileios und Libanios. 15 S. Oktav. 1912 — 1.--

Marci Diaconi vita Porphyrii episcopi Gazensis ed. M. Haupt Quart. 1875 — 3.--

Meinecke, Fr., Kühlmann und die päpstliche Friedensaktion von 1917. Oktav. 1928 — 2.--

Meyer, Ed., Sinn und Tendenz der Schluss-Szene am Kreuz im Johannesevangelium. Oktav. 1924 — 1.--

Meyer, K., Der irische Totengott und die Toteninsel. Oktav. 1919 — 1.--

Meyer, Paul M., Die Libelli aus der Decianischen Christenverfolgung. 2 Tafeln. 34 S. Quart. 1911 — 3.--

Moritz, B., Beiträge zur Geschichte des Sinaiklosters im Mittelalter nach arabischen Quellen. 62 S. Mit 2 Tafeln. Quart. 1918 — 4.--

Müller, Karl, Kritische Beiträge. Oktav. 1919 — 2.50
- Beiträge zur Geschichte der Verfassung der alten Kirche. Quart. 1922 — 1.50

Oppenheim, M.Frhr.v., und Fr.Frhr.Hiller von Gaertringen, Höhleninschrift von Edessa mit dem Briefe Jesu an Abgar. 12 S. Oktav. 1914 1.--

Perlbach, M., und J.Luther, Ein neuer Bericht über Luthers Verbrennung der Bannbulle. Oktav. 1907 1.--

Pischel, R., Der Ursprung des christlichen Fischsymbols. Oktav. 1905 2.--

Praetorius, F., Textkritische Bemerkungen zum Buche Amos. Oktav. 1918 1.--

Sachau, E., Studie zur syrischen Kirchenliteratur der Damascene. Oktav. 1899 2.--

Schäfer, D., Zur Beurteilung des Wormser Konkordats. Quart. 1905 4.--

- Mittelalterlicher Brauch bei der Ueberführung von Leichen. Oktav. 1920 2.--

Scheffer-Boichhorst, P., Norberts Vita Bennonis Osnabrugensis episcopi eine Fälschung? Mit einem Exkurs: Der Rhythmus der Satzschlüsse in der Vita Bennonis von P.v.Winterfeld. Oktav. 1901 2.50

Schmidt, Carl, Der Kalophon des Ms.orient. 7594 des Britischen Museums. Oktav. 1925 1.--

- und B.Moritz, Die Sinai-Expedition im Frühjahr 1914. Oktav. 1926 1.--
- Neue Funde zu den alten ΠΡΑΞΕΙΣ ΠΑΥΛΟΥ Oktav. 1929 1.--

Schmidt, K., Der erste Clemensbrief in altkoptischer Uebersetzung. Oktav. 1907 1.--

- Eine Epistola apostolorum in koptischer und lateinischer Überlieferung. Oktav. 1908 1.--
- Ein neues Fragment der Heidelberger Acta Pauli. Oktav. 1909 1.--
- und W.Schubart, Ein Fragment des Pastor Hermae aus der Hamburger Stadtbibliothek. Oktav. 1909 1.--

Seckel, E., Die karthagische Inschrift C I L VIII 25045 - ein kirchenrechtliches Denkmal des Montanismus? Oktav. 1921 2.--

Stutz, U., Reims und Mainz in der Königswahl des 10. und zu Beginn des 11.Jahrhunderts. Oktav. 1921 2.--

- Kurfürst Johann Sigismund von Brandenburg und das Reformationsrecht. Oktav. 1922 2.50
- Das Bonner evangelische Universitätspredigeramt in seinem Verhältnis zu Staat, Kirche und Gemeinde. Oktav. 1924 2.--
- Die päpstliche Diplomatie unter Leo XIII. Quart. 1926 16.--
- Ueber das Verfahren bei der Nomination auf Bischofsstühle. Oktav. 1928 2.--

Tangl, M., Bonifatiusfragen. Quart. 1919 4.--

- Die Deliberatio Innozenz' III. Oktav. 1919 2.--

Vahlen, J., Ueber Leibniz und Schleiermacher. Oktav. 1909 1.--

Waldschmidt, Dr.E., und Dr.W.Lentz, Die Stellung Jesu im Manichäismus. Quart. 1926 27.--

Wattenbach, W., Ueber die Inquisition gegen die Waldenser in Pommern und der Mark Brandenburg. Quart. 1886 4.--

- Ueber das Handbuch eines Inquisitors in der Kirchenbibliothek St.Nicolai in Greifswald. Quart. 1889 1.50
- Ueber die Quirinalien des Metellus von Tegernsee. Oktav. 1897 2.50

Weinhold, K., Glücksrad und Lebensrad. Mit 2 Tafeln. Quart. 1892 2.50

- Zur Geschichte des heidnischen Ritus. Quart. 1896 2.--
- Die mystische Neunzahl bei den Deutschen. Quart. 1897 2.50
- Die Zeitpartikeln des schlesischen Dialekts. Oktav. 1900 2.--

Wrede, F., zu den Merseburger Zaubersprüchen. Oktav, 1923 1.--

Yahuda, A.S., Ueber die Unechtheit des samaritanischen Josuabuches. Oktav. 1908 2.--

Zimmer, H., Beiträge zur Erklärung altirischer Texte der kirchlichen und Profanliteratur. 1. Tarmchossal, doforchossol, tōxal, forochsalsat, fǫxal, coisle. 2. cīsel. Oktav. 1908 2.--

- - 3. Conall Cernach clōen. Oktav. 1909 2.--

- - 4. LL. 54a, 12 - 15. Oktav. 1909 2.--

2. Philosophie, Pädagogik

Bernays, J., Die unter Philons Werken stehende Schrift "Ueber die Unzerstörbarkeit des Weltalls", nach ihrer ursprünglichen Anordnung wiederhergestellt und ins Deutsche übertragen. Quart. 1876 — 4.--
- Ueber die unter Philons Werken stehende Schrift über die Unzerstörbarkeit des Weltalls. Quart. 1883 — 4.--

Brandis, Chr.A., Gedächtnisrede auf Friedr. Wilh. Joseph v. Schelling. Quart. 1856 — -.80

Crönert, W., Der Epikureer Philonides. Oktav. 1900 — 2.--
- Eine attische Stoikerinschrift. Oktav. 1904 — 1.--

Diels, H., Zur Textgeschichte der Aristotelischen Physik. Quart. 1882 — 2.--
- Ueber die Berliner Fragmente der Ἀθηναίων πολιτεία des Aristoteles. Mit 2 Tafeln. Quart. 1885 — 4.--
- Ueber das dritte Buch der Aristotelischen Rhetorik. Quart. 1886 — 2.--
- Seneca und Lucan. Quart. 1886 — 2.50
- Ueber ein Fragment des Empedokles. Oktav. 1897 — 1.--
- Ueber die Gedichte des Empedokles. Oktav. 1898 — 2.--
- Aristotelis qui fertur de Melisso Xenophane, Gorgia libellus. Quart. 1900 — 2.--
- Gedächtnisrede auf Eduard Zeller. Quart. 1908 — 2.--
- Ueber Platons Nachtuhr. Oktav. 1915 — 1.--
- Philodemos über die Götter. I.Buch. Griechischer Text und Erläuterung. Quart. 1916 — 4.50
- Philodemos über die Götter (3.Buch):
  - I: Griechischer Text. Quart. 1917 — 3.50
  - II: Erläuterung des Textes. Quart. 1917 — 4.--
- Lukrezstudien V. Oktav. 1922 — 1.--

Dschawachoff, Das Martyrium des hl. Eustatius von Mzchetha. Oktav. 1901 — 2.--

Erdmann, B., Psychologie des Eigensprechens. Oktav. 1914 — 2.--
- Kritik der Problemlage in Kants transzendentaler Deduktion der Kategorien. Oktav. 1915 — 2.--
- Orientierende Bemerkungen über die Quellen der Leibnizschen Philosophie. Oktav. 1917 — 1.--
- Berkeleys Philosophie im Lichte seines wissenschaftlichen Tagebuchs. Quart. 1919 — 6.25
- Die philosophischen Grundlagen von Helmholtz' Wahrnehmungstheorie. Quart. 1921 — 2.25

Erman, A., Eine ägyptische Quelle der "Sprüche Salomos". Oktav. 1924 — 1.--

Geffcken, J., Eine gnostische Vision. Oktav. 1899 — 1.--

Graeven, H., Leibnizens Bildnisse. Vervollständigt und herausgegeben von Carl Schuchhardt. Mit 24 Tafeln. Quart. 1916 — 10.50

Groethuysen, B., Ein Brief Kants. Oktav. 1906 — 1.--

Harms, F., Ueber den Begriff der Wahrheit. Quart. 1876 — 1.50
- Ueber die Lehre von Friedrich Heinrich Jacobi. Quart. 1876 — -.60
- Ueber die Psychologie von Johann Nicolaus Tetens. Quart. 1878 — 1.50

Jäger, W., Ueber Ursprung und Kreislauf des philosophischen Lebensideals. Oktav. 1928 — 2.50
- Emendationen zur aristotelischen Metaphysik. Oktav. 1923 — 2.--

Kalbfleisch, K., Die neuplatonische, fälschlich dem Galen zugeschriebene Schrift Πρὸς Γαῦρον περὶ τοῦ πῶς ἐμψυχοῦται τὰ ἔμβρυα. Aus der Pariser Handschrift zum ersten Male herausgegeben. Mit 2 Tafeln. Quart. 1895 — 6.50

Köhler, U., Ein Nachtrag zum Lebenslauf des Epikureers Philonides. Oktav. 1900 — 1.--

Kranz, W., Ueber Aufbau und Bedeutung des Parmenideischen Gedichtes. 19 S. Oktav. 1916 — 2.--

Lietzmann, H., Das Problem der Spätantike. Oktav. 1927 — 2.--

Maas, P., Zu den Beziehungen zwischen Kirchenvätern und Sophisten. I. Drei neue Stücke aus der Korrespondenz des Gregorios von Nyssa. 12 S. Oktav. 1912 — 1.--

- - II. Der Briefwechsel zwischen Basileios und Libanios. 15S. Oktav. 1912 — 1.--

Maier, H., Die mechanische Naturbetrachtung und die "vitalistische" Kausalität. Oktav. 1928 — 2.--

Ritter, P., Neue Leibniz-Funde. Reisebericht. Quart. 1904 — 2.--

- Drei neue Briefe von Leibniz. Oktav. 1909 — 1.--
- Neun Briefe von Leibniz an Friedrich August Hackmann. 17S. Oktav. 1915 — 2.--

Schönebaum, H., Pestalozzi, die Illuminaten und Wien. Oktav. 1928 — 2.--

Spranger, E., Die Kulturzyklentheorie und das Problem des Kulturverfalls. Oktav. 1926 — 2.--

- Die Frage nach der Einheit der Psychologie. Oktav. 1926 — 2.--
- Die wissenschaftlichen Grundlagen der Schulverfassungslehre und Schulpolitik. Quart. 1928 — 7.--
- Der Sinn der Voraussetzungslosigkeit in den Geisteswissenschaften. Oktav. 1929 — 2.--

Stumpf, C., Die pseudo-aristotelischen Probleme über Musik. Quart. 1897 — 3.50

- Die Attribute der Gesichtsempfindungen. 88 S. Quart. 1917 — 3.50
- Spinozastudien. Quart. 1919. — 2.50
- Ueber die Tonlage der Konsonanten und die für das Sprachverständnis entscheidende Gegend des Tonreichs. Oktav. 1921 — 1.--
- Gedächtnisrede auf Benno Erdmann. Oktav. 1921 — 1.--

Trendelenburg, A., Ueber Leibnizens Entwurf einer allgemeinen Charakteristik. Quart. 1856 — 1.20

- Friedrich der Grosse und sein Grosskanzler Samuel von Cocceji. Beitrag zur Geschichte der ersten Justizreform und des Naturrechts. Quart. 1863 — 2.40
- Zur Erinnerung an Christian August Brandis. Quart. 1868 — -.70

Vahlen, J., Hermeneutische Bemerkungen zu Aristoteles' Poetik. I. Oktav. 1897 — 2.--

- Ueber einige Zitate in Aristoteles' Rhetorik. Oktav. 1902 — 2.--
- Ueber die Rede des Lysias in Platos Phaedrus. Oktav. 1903 — 2.--
- Ueber Leibniz und Schleiermacher. Oktav. 1909 — 1.--
- Ueber eine Stelle in Aristoteles' Poetik. Oktav. 1910 — 1.--

Waldschmidt, Dr.E., und Dr. Wolfgang Lentz, Die Stellung Jesu im Manichäismus. Quart. 1926 — 27.--

Wellmann, M., Die ΦΥΣΙΚΑ des Bolos Demokritos und der Magier Anaxilaos aus Larissa. Teil I. Quart. 1928 — 12.--

Zeller, E., Ueber die Benützung der aristotelischen Metaphysik in den Schriften der älteren Peripatetiker. Quart. 1877 — 1.40

3. Orientalia

Bang, W., Ueber das Rätsel des Codex Cumanicus. Mit 2 Tafeln. Oktav. 1912 2.--
- Zur Geschichte der Gutturale im Osttürkischen. Oktav. 1915 1.--
- Vom Köktürkischen zum Osmanischen. II./III.Mitteilung. Quart. 1919 4.25
- - IV. Mitteilung. Quart. 1921 1.50
- Das negative Verbum der Türkensprache. Oktav. 1923 2.--
- und A.v.Gabain, Türkische Turfan Texte. Oktav. 1929 2.--

Beckh, H., Die tibetische Uebersetzung von Kālidāsas Meghadūta. Nach dem roten und schwarzen Tanjur herausg. und ins Deutsche übertragen. Quart. 1907 4.50
- Beiträge zur Tibetischen Grammatik, Lexikographie, Stilistik und Metrik. Quart. 1908 3.--

Belck, W., und C.F.Lehmann, Bericht über eine Forschungsreise durch Armenien. Oktav. 1899 1.--
- - Zweiter Bericht. Oktav. 1899 1.--

Berchem, M.van, Die muslimischen Inschriften von Pergamon. Mit 12 Tafeln. Quart. 1912 7.--

Bernays, J., Die unter Philons Werken stehende Schrift "Ueber die Unzerstörbarkeit des Weltalls", nach ihrer ursprünglichen Anordnung wiederhergestellt und ins Deutsche übertragen. Quart. 1876 4.--
- Ueber die unter Philons Werken stehende Schrift über die Unzerstörbarkeit des Weltalls. Quart. 1883 4.--

Borchardt, C.W., Ein neuer Königsname der ersten Dynastie. Oktav. 1897 1.--
- Bericht über die Korrosion des Sandsteinmaterials der Tempelbauten auf Philae. Oktav. 1898 1.--
- Bericht über einen Einsturz im Amontempel von Karnak am 3.Oktober 1899. Oktav. 1900 1.--
- Nilmesser und Nilstandsmarken. Mit 5 Tafeln. Quart. 1906 4.50

Brockelmann, C., Zu den Inschriften des Königs Kalumu. Oktav. 1911 1.--
- Alī's Qissa'i Jūsuf, der älteste Vorläufer der osmanischen Literatur. Quart. 1917 3.--

Cohn, B., Die Anfangsepoche des jüdischen Kalenders. Oktav.1914 1.--

Cohn, L., Ein Philo-Palimpsest (Nat.gr.316). Oktav. 1905 2.--

Delitzsch, F., Sumerisch-akkadisch-hettische Vokabularfragmente. Quart. 1914 2.50

Dillmann, A., Ueber die Anfänge des Axumitischen Reiches. Quart. 1879 3.--
- Zur Geschichte des Axumitischen Reiches im 4. bis 6. Jahrhundert. Quart. 1880 2.50
- Ueber die Regierung, insbesondere die Kirchenordnung des Königs Zar'a-Jacob. Quart. 1884 5.--
- Gedächtnisrede auf Karl Richard Lepsius. Quart. 1885 1.--

Ehelolf, H., Wettlauf und szenisches Spiel im hethitischen Ritual. Oktav. 1925 1.--

Erman, A., Bruchstücke koptischer Volksliteratur. Quart. 1897 3.50
- Zur Erklärung des Papyrus Harris. Oktav. 1903 2.--
- Die Sphinxstele. Oktav. 1904 2.--
- Zwei Aktenstücke aus der thebanischen Gräberstadt. Oktav. 1910 2.--
- Hymnen an das Diadem der Pharaonen. Aus einem Papyrus der Sammlung Golenischeff herausgegeben. Quart. 1911 3.--

- Ein Fall abgekürzter Justiz in Aegypten. Mit 5 Tafeln. Quart. 1913 — 2.50
- Die Obeliskenübersetzung des Hermapion. Oktav. 1914 — 2.--
- Unterschiede zwischen den koptischen Dialekten bei der Wortverbindung. Oktav. 1915 — 1.--
- Römische Obelisken. Quart. 1917 — 2.50
- Der Leidener Amonshymnus. Oktav. 1923 — 2.--
- Eine ägyptische Quelle der "Sprüche Salomos". Oktav. 1924 — 1.--
- Die ägyptischen Schülerhandschriften. Quart. 1925 — 3.50
- Zur ägyptischen Wortforschung IV. Oktav. 1928 — 1.--

Foy, K., Die Sprache der türkischen Turfan-Fragmente in manichäischer Schrift. I. Einleitung. Oktav. 1904 — 1.--

Francke, A.H., Tibetische Handschriftenfunde aus Turfan. Oktav. 1924 — 1.--
- Weitere tibetische Handschriftenfunde aus Turfan. Oktav. 1924 — 1.--
- Felseninschriften in Ladakh. Oktav. 1926 — 1.--
- Ein Dokument aus Turfan in tibetischer Schrift, aber unbekannter Sprache. Oktav. 1927 — 1.--
- Drei weitere Blätter des tibetischen Losbuches von Turfan. Oktav. 1928 — 1.--
- Königsnamen von Khotan (A.MA.CA.) auf tibetischen Dokumenten der Turkestansammlungen von London und Berlin. Oktav. 1928 — 1.--

Frank, C., Zur Entzifferung der altelamischen Inschriften. mit 1 Tafel. Quart. 1912 — 3.--

Franke, O., Hat es ein Land Kharoṣṭra gegeben? Oktav. 1905 — 1.--
- Eine chineische Tempelinschrift aus Idikutšahri bei Turfan (Turkestan). Uebersetzt und erklärt. Mit 1 Tafel. Quart. 1907 — 5.50
- Ein Dokument zur Geistesgeschichte der Han-Zeit. Oktav. 1924 — 2.--
- Der Ursprung der chinesischen Geschichtsschreibung. Oktav. 1925 — 2.50
- Zur Beurteilung des chinesischen Lehenswesens. Oktav. 1927 — 2.--
- und R.Pischel, Kaschgar und Kharoṣṭhi. I. und II. Oktav. 1903 — a 1.--

Gardiner, A.H., Eine neue Handschrift des Sinuhegedichtes. Oktav. 1907 — 1.--

Geldner, K.F., Das 18.Kapitel des Vendidād. Oktav. 1903 — 1.--

Goltz, E.Frhr.v., Unbekannte Fragmente altchristlicher Gemeindeordnungen. Nach G.Horners englischer Ausgabe des äthiopischen Kirchenrechtsbuches. Oktav. 1906 — 2.--

Gosche, R., Ueber Ghazzālīs Leben und Werke. Quart. 1859 — 2.40

Grapow, H., Ueber die Wortbildungen mit einem Präfix-m im Aegyptischen. Quart. 1914 — 2.--
- Ueber einen ägyptischen Totenpapyrus aus dem frühen mittleren Reich. Oktav. 1915 — 1.--

Griffith, F.H., The Nubian Texts of the Christian Period. Mit 3 Tafeln. Quart. 1914 — 8.50

de Groot, J.J.M., Sinologische Seminare und Bibliotheken. Quart. 1913 — 2.--

Grünwedel, A., und G.Huth, Altertümer aus der Malakand- und Swatgegend. Oktav. 1901 — 2.--

Harnack, A., Ein in georgischer Sprache überliefertes Apokryphon des Joseph von Arimathia. Oktav. 1901 — 1.--
- Forschungen auf dem Gebiete der alten grusinischen und armenischen Literatur. Referat. Oktav. 1903 — 1.--

Herzfeld, E., Die Aufnahme des sasanidischen Denkmals von Paikuli. Mit 3 Tafeln. Quart. 1914 — 3.--

Hirschberg, J., Ueber das älteste arabische Lehrbuch der Augenheilkunde. Oktav. 1903 — 1.--
- Die arabischen Lehrbücher der Augenheilkunde. Quart. 1905 — 4.50

Hirschfeld, G., Ueber Kelainai-Apameia Kibotos. Mit 1 Tafel. Quart. 1875 1.--

- Paphlagonische Felsengräber. Ein Beitrag zur Kunstgeschichte Kleinasiens. Mit 7 Tafeln. Quart. 1885 6.--
- Die Felsenreliefs in Kleinasien und das Volk der Hittiter. Zweiter Beitrag zur Kunstgeschichte Kleinasiens. Mit 2 Tafeln und 15 Abbildungen. Quart. 1887 4.50

Jacobi, H., Bhamaha und Dandin, ihr Alter und ihre Stellung in der indischen Poetik. Oktav. 1922 2.--

- Zur Frühgeschichte der indischen Poetik. Oktav. 1928 1.--

Jacobsohn, H., Das Namensystem bei den Osttscheremissen. Oktav. 1919 1.--

Jensen, Chr., Erschliessung der aramäischen Inschriften von Assur und Hatra. Oktav. 1919 1.--

Junker, H., Sprachliche Verschiedenheiten in den Inschriften von Dendera. Oktav. 1905 2.--

- Der Auszug der Hathor-Tefnut aus Nubien. 89 S. Quart. 1911 4.50

Kögel, P.R., Die Palimpsestphotographie. Ein Beitrag zu den philologisch-historischen Hilfswissenschaften. Oktav. 1914 1.--

Konow, St., Ein Beitrag zur Geschichte des Buddhabildes. Oktav. 1928 1.--

Kuhn, A., Ueber Entwicklungsstufen der Mythenbildung. Quart. 1874 1.--

Kuhn, Fr., Das Dschong lun des Tsui Schi. 27 S. Quart. 1914 1.50

Lange, H.O., Eine neue Inschrift aus Hermonthis. Mit 1 Tafel. 14 S. Oktav. 1914 1.--

- Prophezeiungen eines ägyptischen Weisen aus dem Papyrus I, 344 in Leiden. Vorläufige Mitteilung. Oktav. 1903 1.--
- Ein liturgisches Lied an Min. Oktav. 1927 1.--

Le Coq, A.v., Türkische Manichaica aus Chotscho. III. Quart. 1922 7.--

Leipoldt, J., Der Hirt des Hermas in Saidischer Uebersetzung. Oktav. 1903 1.--

Lepsius, R., Ueber eine hieroglyphische Inschrift am Tempel von Edfu (Apollinopolis Magna), in welcher der Besitz dieses Tempels an Ländereien unter der Regierung Ptolemäus XI. Alexander I. verzeichnet ist. Quart. 1855 3.60

- Ueber die Götter der vier Elemente bei den Aegyptern. mit 5 lithographierten Tafeln. 3.40
- Ueber die XXII. ägyptische Königsdynastie nebst einigen Bemerkungen zu der XXvI. und andern Dynastien des neuen Reichs. Mit 2 lithographierten Tafeln. Quart. 1856 3.--
- Ueber die Manethonische Bestimmung des Umfangs der ägyptischen Geschichte. Quart. 1857 1.--
- Ueber einige Berührungspunkte der ägyptischen, griechischen und römischen Chronologie. Quart. 1859 2.60
- Ueber chinesische und tibetische Lautverhältnisse und über die Umschrift jener Sprachen. Quart. 1861 1.80
- Ueber die arabischen Sprachlaute und deren Umschrift nebst einige Erläuterungen über den harten i-Vokal in der tartarischen, slavischen und der rumänischen Sprache. Quart. 1861 2.--
- Ueber das Lautsystem der persischen Keilschrift. Quart. 1863 1.--
- Das ursprüngliche Zendalphabet. Quart. 1863 4.--
- Die altägyptische Elle und ihre Einteilung. Mit 5 Tafeln und Nachtrag. Quart. 1865 5.10
- Grundplan des Grabes König Ramses IV. in einem Turiner Papyrus. Mit 1 Tafel. Quart. 1867 2.--
- Ueber den chronologischen Wert der assyrischen Eponymen und einige Berührungspunkte mit der ägyptischen Chronologie. Quart. 1869 1.50
- Die babylonisch-assyrischen Längenmasse nach der Tafel von Senkereh. Mit 2 Tafeln. Quart. 1877 4.--

Lidzbarski, M., Phönizische und aramäische Krugaufschriften aus Elephantine. Mit 6 Tafeln. 20 S. Quart. 1912 3.--
- Eine punisch-altberberische Bilinguis aus einem Tempel des Massinissa. Mit 1 Tafel. 9 S. Oktav. 1913 1.--

Lietzmann, H., Die Landmauer von Konstantinopel. Quart. 1929 11.50

Littmann, E., und D.Krencker, Vorbericht der Deutschen Aksum-Expedition. Mit 4 Tafeln. Quart. 1906 3.50

Lüders, H., Epigraphische Beiträge. 26 S. Oktav. 1912. I/II 2.--
- Die Pranidhibilder im neunten Tempel von Bäzäklik. 21 S. Oktav. 1913 2.--
- Epigraphische Beiträge III. 41 S. Oktav. 1914 2.50
- - IV. 38 S. Oktav. 1914 2.50
- Ueber die literarischen Funde von Ostturkestan. 21 S. Oktav. 1914 2.--
- Eine arische Anschauung über den Vertragsbruch. Oktav. 1917 2.--

Meissner, B., Ein Entwurf zu einem neubabylonischen Gesetzbuch. 18 S. Oktav. 1918 2.--
- Ein neubabylonisches Zuckungsbuch. Oktav. 1921 1.--

Meyer, E., Nachträge zur ägyptischen Chronologie. Quart. 1908 2.50
- Untersuchungen zur Geschichte des Zweiten Punischen Krieges. 27 S. Oktav. 1913 2.--
- Aegyptische Dokumente aus der Perserzeit. 25 S. Oktav. 1915 2.--
- Untersuchungen zur Geschichte des Zweiten Punischen Krieges. Dritter Teil. 28 S. Oktav. 1916 2.--
- Gottesstaat, Militärherrschaft und Ständewesen in Aegypten. Zur Geschichte der 21. und 22. Dynastie. Oktav. 1928 2.50

Meyerhof, M., Ueber das Leidener arabische Fragment von Galens Schrift "Ueber die medizinischen Namen". Oktav. 1928 2.--
- Ueber echte und unechte Schriften Galens nach arabischen Quellen. Oktav. 1928 2.--

Mitteis, L., Ueber drei neue Handschriften des syrisch-römischen Rechtsbuchs. Quart. 1905 2.50

Möller, G., Bericht über die Aufnahme der hieroglyphischen und hieratischen Felseninschriften im Alabasterbruch von Hatnub in Mittelägypten. Oktav. 1908 1.--
- Das Dekret des Amenophis, des Sohnes des Hafu. Oktav. 1910 2.--
- Zwei ägyptische Eheverträge aus vorsaitischer Zeit. Mit 3 Tafeln. Quart. 1918 3.50
- Ein ägyptischer Schuldschein der zweiundzwanzigsten Dynastie. Oktav. 1921 1.--

Mommsen, Th., Inschrift aus Baalbek. Oktav. 1903 1.--

Mordtmann, J., Ueber das türkische Fürstengeschlecht der Karasi in Mysien. 6 S. Oktav. 1911 1.--

Müller, F.W.K., Ein Doppelblatt aus einem manichäischen Hymnenbuch (Mahrnamag). Mit 2 Tafeln. 40 S. Quart. 1913 3.--
- Soghdische Texte. I. Mit 2 Tafeln. 111 S. Quart. 1913 8.--
- Zwei Pfahlinschriften aus den Turfanfunden: I. Die uigurische Inschrift auf dem Pfahle I B 4672. 2. Die chinesische Pfahlinschrift. Mit 1 Tafel. 38 S. Quart. 1915 2.50
- Uigurica III. Quart. 1922 5.--
- I. Eine soghdische Inschrift in Ladakh. - II. Reste einer soghdischen Uebersetzung des Padmacintamani-dharani-sutra. Oktav. 1926 1.--
- Ein uigurisch-lamaistisches Zauberritual aus den Turfanfunden. Oktav. 1928 1.--

Nobel, J., Kumarajiva. Oktav. 1927 2.--

Nöldeke, Th., Die Ghassânischen Fürsten aus dem Hause Gafnas. Quart. 1887 4.--
- Das arabische Märchen vom Doktor und Garkoch. Herausgege-

ben, übersetzt und in seinem literarischen Zusammenhange beleuchtet. Quart. 1891 3.--

Olfers, J.F.M.v., Ueber die lydischen Königsgräber bei Sardes und den Grabhügel des Alyattes nach dem Bericht des K. Generalkonsuls Spiegelthal zu Smyrna. Mit 5 Tafeln. Quart. 1859 2.40

Olshausen, J., Prüfung des Charakters der in den assyrischen Keilinschriften enthaltenen semitischen Sprache. Quart. 1865 -.80

Parthey, G., Aegypten beim Geographen von Ravenna. Quart. 1858 1.20

- Zur Erdkunde des alten Aegyptens. Mit 16 Karten. Quart. 1859 6.--
- Ptolemaeus Lagi, der Gründer der 32.ägyptischen Dynastie. Quart. 1860 -.80
- Das Orakel und die Oase des Ammon. Mit 2 Karten. Quart. 1862 2.80
- Zwei griechische Zauberpapyri des Berliner Museums, herausgegeben und erklärt. Mit 1 Faksimile. Quart. 1866 2.60
- Die thebanischen Papyrusfragmente im Berliner Museum. Quart. 1869 1.20

Pischel, R., Die Inschrift von Paderiyā. Oktav. 1903 1.--

- Gedächtnisrede auf Albrecht Weber. Quart. 1903 1.--
- Neue Bruchstücke des Sanskritkanons der Buddhisten aus Idykutšari, Chinesisch-Turkestan. Mit 3 Tafeln. Oktav. 1904 1.--
- Der Ursprung des christlichen Fischsymbols. Oktav. 1905 2.--
- Ins Gras beissen. Oktav. 1908 2.--

Plaumann, G., Der Idioslogos, Untersuchungen zur Finanzverwaltung Aegyptens in Hellenist. und Römischer Zeit. Quart. 1919 3.--

Praetorius, F., Textkritische Bemerkungen zum Buche Amos. Oktav. 1918 1.--

Rahlfs, A., Griechische Wörter im Koptischen. 11 S. Oktav. 1912 1.--

Ranke, H., Keilschriftl. Material zur altägyptischen Vocalisation. Quart. 1910 5.--

Roediger, E., Ueber zwei Pergamentblätter mit altarabischer Schrift. Mit 2 Tafeln. Quart. 1876 1.--

Sachau, E., Ueber die Lage von Tigranokerta. Mit 2 Karten. Quart. 1881 5.--

- Indo-arabische Studien zur Aussprache und Geschichte des Indischen in der ersten Hälfte des XI. Jahrhunderts. Mit 1 Faksimile einer arabischen Handschrift. Quart. 1888 4.50
- Skizze des Fellichi-Dialekts von Mosul. Quart. 1895 5.--
- Studie zur syrischen Kirchenliteratur der Damascene. Oktav. 1899 2.--
- Ueber den zweiten Kalifen Omar. Ein Charakterbild aus der ältesten Geschichte des Islams. Oktav. 1902 2.--
- Der erste Chalife Abu Bekr. Oktav. 1903 2.--
- Das Berliner Fragment des Mûsâ Ebn 'Ukba. Ein Beitrag zur Kenntnis der ältesten arabischen Geschichtsliteratur. Mit 1 Tafel. Oktav. 1904 2.--
- Literaturbruchstücke aus Chinesisch-Turkestan. Mit 1 Tafel. Oktav. 1905 1.--
- Drei aramäische Papyrusurkunden aus Elephantine. Neudruck. Mit 2 Tafeln. Quart. 1908 2.50
- Vom Klosterbuch des Šâbuštî. Quart. 1919 2.50
- Vom Ursprung der islamischen Grossmächte. Oktav. 1922
- Ein Verzeichnis Muhamedanischer Dynastien. Quart. 1923 2.25

Sachs, C., Entzifferung einer babylonischen Notenschrift. Vorbericht. 1924. Oktav 1.--

Schacht, J., Aus den Bibliotheken von Konstantinopel und Kairo. Quart. 1928 12.--

Schäfer, H., Bruchstück eines koptischen Romans über die Eroberung Aegyptens durch Kambyses. Oktav. 1899 2.--
- Die Anfänge der Reformation Amenophis des IV. Oktav. 1919 1.--

Schmidt, Carl, Der Kalophon des Ms.orient. 7594 des Britischen Museums. Oktav. 1925 1.--
- und B. Moritz, Die Sinai-Expedition im Frühjahr 1914. Oktav. 1926 1.--

Schmidt, K., Der erste Clemensbrief in altkoptischer Uebersetzung. Oktav. 1907 1.--
- Eine Epistola apostolorum in koptischer und lateinischer Uebersetzung. Oktav. 1908 1.--
- und W.Schubart, Ein Fragment des Pastor Hermae aus der Hamburger Stadtbibliothek. Oktav. 1909 1.--

Schott, W., Zur Beurteilung der annamitischen Schrift und Sprachen. Quart. 1855 -.80
- Ueber die sogenannten indo-chinesischen Sprachen, insonderheit das Siamische. Quart. 1856 -.80
- Ueber die chinesische Verskunst. Quart. 1857 1.60
- Die Cassiasprache im nordöstlichen Indien, nebst ergänzenden Bemerkungen über das T'ai oder das Siamische. Quart. 1859 -.80
- Altajische Studien, oder Untersuchungen auf dem Gebiete der Altai-Sprachen.
  - 1.Heft. Quart. 1860 1.20
  - 3.Heft. Quart. 1867 2.20
  - 4.Heft. Quart. 1870 2.40
  - 5.Heft. Quart. 1872 2.40
- Zur chinesischen Sprachlehre. Quart. 1868 1.60
- Zur Uigurenfrage. 1.Abteilung. Quart. 1874 1.50
- - 2.Abteilung. Quart. 1875 1.--
- Ueber einige Tiernamen. Quart. 1877 1.--
- Einiges zur japanischen Dicht- und Verskunst. Quart. 1878 1.--
- Kitai und Karakitai, ein Beitrag zur Geschichte Ost- und Inner-Asiens. Quart. 1879 1.--
- Ueber ein chinesisches Mengwerk, nebst einem Anhang linguistischer Verbesserungen in zwei Bänden der Erdkunde Ritters. Quart. 1881 2.--
- Ueber die Sprache des Volkes Rong oder Leptscha in Sikkim. Quart. 1882 -.80

Schrader, E., Der Name der Meere in den assyrischen Inschriften. Quart. 1877 1.20
- Zur Kritik der Inschriften Tiglath-Pilesers II., des Asarhaddon und des Asurbanipal. Mit 3 Textbeilagen und 1 Tafel. Quart. 1880 3.--
- Die Sargonsstele des Berliner Museums. Mit 2 Tafeln. Quart. 1882 3.--
- Gedächtnisrede auf Justus Ohlshausen. Quart. 1883 1.--
- Zur Frage nach dem Ursprunge der altbabylonischen Kultur. Quart. 1884 3.--
- Die Keilinschriften am Eingange der Quellengrotte des Sebeneh-Su. Mit 1 Tafel. Quart. 1885 3.--

Schrader, H., Die Opferstätte des pergamenischen Altars. Oktav. 1899 1.--

Schroeder, Otto, Das Pantheon der Stadt Uruk in der Seleukidenzeit auf Grund von Götterlisten und theophoren Personennamen in Kontrakten dieser Zeit. 17 S. Oktav. 1916 2.--

Schubring, W., Das Abahanisiha-Sutta. 102 S. Mit 1 Tafel. Quart. 1918 6.--

Schulthess, F., Zurufe an Tiere im Arabischen. 92 S. Quart. 1912 5.--

Schulze, W., Gedächtnisrede auf Richard Pischel. Quart. 1909 1.--
- Gedächtnisrede auf Heinrich Zimmer. 19 S. Quart. 1911 1.--
- Gedächtnisrede auf Kuno Meyer. Oktav. 1920 1.--

Schweinfurth, G., Alte Baureste und hieroglyphische Inschriften im Uadi Gasûs. Mit Bemerkungen von Prof. A.Erman. Mit 2 Tafeln. Quart. 1885 — 2.80

- Abyssinische Pflanzennamen. Eine alphabetische Aufzählung von Namen einheimischer Gewächse in Tigrinja, sowie in anderen semitischen und hamitischen Sprachen von Abyssinien, unter Beifügung der botanischen Artbezeichnung. Quart. 1893 — 6.--

Sethe, K., Die Aechtung feindlicher Fürsten, Völker und Dinge auf altägyptischen Tongefäss'Scherben des mittleren Reiches. Quart. 1926 — 15.--

- Amun und die acht Götter von Hermopolis. Quart. 1929 — 26.50

Sieg, E., Neue Bruchstücke der Sanskrit-Grammatik aus Chinesisch-Turkistan. Mit 1 Tafel. Oktav. 1908 — 2.--

- und W.Siegling, Tocharisch, die Sprache der Indoskythen. Vorläufige Bemerkungen über eine bisher unbekannte indogermanische Literatur-Sprache. Mit 1 Tafel. Oktav. 1908 — 2.--

Soden, H., Bericht über die in der Kubbet in Damaskus gefundenen Handschriftenfragmente. Oktav. 1903 — 1.--

Spiegelberg, W., Drei demotische Schreiben aus der Korrespondenz des Pherendates, des Satrapen Darius I., mit den Chnumpriestern von Elephantine. Oktav. 1928 — 2.--

Staël-Holstein, Baron A.von, KOPANO und Yüch-shih. 8 S. Oktav. 1914 — 1.--

Stönner, H., Zentralasiatische Sanskrittexte in Brâhmî-Schrift aus Idikutšahri, Chinesisch-Turkistân. II. Mitteilung. Oktav. 1904 — 1.--

Virchow, R., Ueber die ethnologische Stellung der prähistorischen und protohistorischen Aegypter nebst Bemerkungen über Entfärbung und Verfärbung der Haare. Mit 2 Tafeln. Quart. 1898 — 3.--

Weber, A., Zwei vedische Texte über Omina und Portenta. 1. Das Adbhutabrâhmana des Sâmaveda p. 313-343. 2. Der Adbhutâdhyâya des Kauçikasûtra p. 344-413. Quart. 1859 — 3.--

- Die Vajrasûcî (Diamantnadel) des Açvaghosha. Quart. 1860 — 2.--
- Die vedischen Nachrichten von nden naxatra (Mondstationen). 1.Teil: Historische Einleitung. Quart. 1860 — 1.50
- - 2. Teil. Quart. 1862 — 4.--
- Ueber den Vedakalender namens Jyotisham. Quart. 1862 — 3.80
- Die Râma-Tâpaniya-Upanishad. Quart. 1864 — 3.20
- Ueber ein Fragment der Bhagavatî. Ein Beitrag zur Kenntnis der heiligen Sprache und Literatur der Jaina. 1. Teil. Einleitung und 1.Abschnitt. Von der Sprache der Bhagavatî. Mit 2 Tafeln. Quart. 1866 — 3.80
- - 2.Teil. 2.Abschnitt. Inhalt der vorliegenden Bücher der Bhagavatî, und 3.Abschnitt: Die Legende von Khamdaka. Quart. 1867 — 5.50
- Ueber die Krishna janmâshtamî (Krishnas Geburtsfest). Quart. 1868 — 4.--
- Ueber den Râmâyana. Quart. 1870 — 4.50
- Ueber ein zum weissen Yajus gehöriges phonetisches Kompendium, das pratijnâsûtra. Quart. 1872 — 2.60
- Pañcadandachattraprabandha. Ein Märchen von König Vikramâditya. Quart. 1877 — 5.--
- Ueber den Pârasîprakâça des Krishnadâsa. Quart. 1887 — 8.--
- Ueber den zweiten grammatischen Parasiprakaca des Krishnadasa. Quart. 1889 — 6.--
- Ueber die Königsweihe, den Râjasûya. Quart. 1893 — 10.--
- Vedische Beiträge.
  - VI. Oktav. 1897 — 1.--
  - VII. Oktav. 1898 — 2.--
  - VIII. Oktav. 1900 — 2.--
  - IX. Oktav. 1901 — 1.--

Wendland, P., Eine doxographische Quelle Philos. Oktav. 1897 1.--

Wilcken, U., Alexander der Grosse und die indischen Gymnosophisten. Oktav. 1923 2.50

Wöpcke, F., Ueber ein in der Kgl. Bibliothek zu Berlin befindliches arabisches Astrolabium. Mit 2 Kupfertafeln. Quart. 1858 2.50

Yahuda, A.S., Ueber die Unechtheit des samaritanischen Josuabuches. Oktav. 1908 2.--

4. Allgemeine Sprachwissenschaft

Jacobsohn, H., Das Namensystem bei den Osttscheremissen. Oktav. 1919 — 1.--

Meyer, Kuno, Ein mittelirisches Gedicht auf Bredon des Meerfahrer. Oktav. 1912 — 1.--

- Ueber die älteste irische Dichtung. I. Rhythmische alliterierende Reimstrophen. Quart. 1913 — 3.--
- - II. Rhythmische allitierende reimlose Strophen. Quart. 1914 — 2.--
- Zur keltischen Wortkunde III. Oktav. 1913 — 1.--
- - IV. Oktav. 1913 — 1.--
- - V. Oktav. 1914 — 1.--
- - VI. Oktav. 1914 — 2.--
- An Crīnōg. Ein altirisches Gedicht an eine Syneisakte. Oktav. 1918 — 1.--
- Nordisch-Irisches. Oktav. 1918 — 2.--
- Zur Metrik von Saltair na Rann. Oktav. 1918 — 1.--
- Zur keltischen Wortkunde VIII. 1918. Oktav. — 1.--
- Der irische Totengott und die Toteninsel. Oktav. 1919 — 1.--
- Zur keltischen Wortkunde IX. Oktav. 1919 — 2.50
- Ein mittelirisches Lobgedicht auf die Ui Eschach von Ulster. Oktav. 1919 — 1.--
- Cormacs Glossar nach der Handschrift des Buches der Ui Maine. Oktav. 1919 — 2.50
- Bruchstücke der älteren Lyrik Irlands. I. Teil. Quart. 1919 — 3.75

Schmidt, E., Die elischen Verba auf εω und der urgriechische Deklinationsablaut der Nomina auf εύς. Oktav. 1899 — 1.--

Schulze, W., Lit. Klausin und das indogermanische Futurum. Oktav. 1904 — 1.--

- Griechische Lehnworte im Gotischen. Oktav. 1905 — 2.--
- Wortbrechung in den gotischen Handschriften. Oktav. 1908 — 1.--

Schuchardt, H., Sprachliche Beziehung. Oktav. 1922 — 1.--

- Sprachverwandtschaft. II. Oktav. 1926 — 1.--

Trautmann, R., Zwei zemaitische Erzählungen. Oktav. 1918 — 1.--

Unwerth, W.v., Proben deutschrussischer Mundarten aus den Wolgakolonien und dem Gouv. Cherson. Quart. 1918 — 5.--

Zimmer, H., Untersuchungen über den Satzakzent des Altirischen. Oktav. 1905 — 1.--

- Beiträge zur Erklärung altirischer Texte der kirchlichen und Profanliteratur. 1. Tarmchossal, doforchossol, toxal, forochsalsat, foxal, coisle. 2. cisel. Oktav. 1908 — 2.--
- - 3. Conall Cernach cloen. Oktav. 1909 — 2.--
- - 4. LL. 54a, 12-15. Oktav. 1909 — 2.--
- Auf welchem Wege kamen die Goidelen vom Kontinent nach Irland? Quart. 1912 — 2.50

5. Klassische Philologie, Altertumskunde

Bernays, J., Die unter Philons Werken stehende Schrift "Ueber die Unzerstörbarkeit des Weltalls", nach ihrer ursprünglichen Anordnung wiederhergestellt und ins Deutsche übertragen. Quart. 1876	4.—
- Ueber die unter Philons Werken stehende Schrift über die Unzerstörbarkeit des Weltalls. Quart. 1883	4.—
Bidez, J., La tradition manuscrite du Lexique de Suidas. 14 S. Oktav. 1912	1.—
Bohn, R., Der Tempel der Athena Polias zu Pergamon. Mit 3 Tafeln. Quart. 1881	2.—
- Der Tempel des Dionysos zu Pergamon. Mit 1 Tafel. Quart. 1885	1.50
Boor, C. de, Bericht über eine Studienreise nach Italien, Spanien und England zum Zwecke handschriftlicher Studien über byzantinische Chronisten. Oktav. 1899	1.—
- - Zweiter Bericht. Oktav. 1902	2.—
Brandis, Chr. A., Gedächtnisrede auf Friedrich. Wilh. Joseph v. Schelling. Quart. 1856	-.80
Bruns, C.G., Die Unterschriften in den römischen Rechtsurkunden. Quart. 1876	4.—
Cohn, L., Ein Philo-Palimpsest (Nat.gr.316) Oktav. 1905	2.—
Crönert, W., Der Epikureer Philonides. Oktav. 1900	2.—
- Eine attische Stoikerinschrift. Oktav. 1904	1.—
Curtius, E., Philadelpheia. Nachtrag zu den Beiträgen zur Geschichte und Topographie Kleinasiens. Mit 1 Karte. Quart. 1873	-.75
- Die Plastik der Hellenen an Quellen und Brunnen. Mit 9 Holzschnitten. Quart. 1876	2.—
- Zwei Giebelgruppen aus Tanagra. Mit 5 Tafeln. Quart. 1878	4.50
- Das archaische Bronzerelief aus Olympia. Mit 3 Tafeln und 7 Holzschnitten. Quart. 1880	2.50
- Die Altäre von Olympia. Mit 2 Tafeln. Quart. 1882	2.20
- Die Tempelgiebel von Olympia. Mit 2 Tafeln. Quart. 1891	2.—
Degering, H., Ueber ein Bruchstück einer Plautushandschrift des viertes Jahrhunderts. Oktav. 1919	1.—
Diels, H., Zur Textgeschichte der Aristotelischen Physik. Quart. 1882	2.—
- Ueber die Berliner Fragmente der Ἀθηναίων πολιτεία des Aristoteles. Mit 2 Tafeln. Quart. 1885	4.—
- Ueber das dritte Buch der Aristotelischen Rhetorik. Quart. 1886	2.—
- Seneca und Lucan. Quart. 1886	2.50
- Zur Pentemychos des Pherekydes. Oktav. 1897	1.—
- Ueber ein Fragment des Empedokles. Oktav. 1897	1.—
- Ueber die Gedichte des Empedokles. Oktav. 1898	2.—

- Die Elegie des Poseidippos aus Theben. Oktav. 1898 | 1.--

- Aristotelis qui fertur de Melisso Xenophane, Gorgia libellus. Quart. 1900 | 2.--

- Laterculi Alexandrini aus einem Papyrus ptolemäischer Zeit. Mit 1 Tafel. Quart. 1904 | 1.50

- Die Handschriften der antiken Aerzte. I. Teil. Hippokrates und Galenos. Quart. 1905 | 8.--

- - II. Teil. Die übrigen griechischen Aerzte ausser Hippokrates und Galenos. Quart. 1906 | 7.--

- Beiträge zur Zuckungsliteratur des Okzidents und Orients. I: Die griechischen Zuckungsbücher (Melampus ΠΕΡΙ ΠΑΛΜΩΝ). Quart. 1908 | 2.--

- - II: Weitere griechische und aussergriechische Literatur und Volksüberlieferung. Quart. 1909 | 5.--

- Bericht über den Stand des interakademischen Corpus medicorum antiquorum und erster Nachtrag zu den in den Abhandlungen 1905 und 1906 veröffentlichten Katalogen: Die Handschriften der antiken Ärzte I. und II. Teil. Zusammengestellt im Namen der Kommission der Kgl.Preuss. Akademie der Wissenschaften. Quart. 1908 | 4.--

- Gedächtnisrede auf Eduard Zeller. Quart. 1908 | 2.--

- Die Stele des Mnesitheos. Mit 1 Tafel. Oktav. 1908 | 1.--

- Ueber einen neuen Versuch, die Echtheit einiger Hippokratischen Schriften nachzuweisen. 16 S. Oktav. 1910 | 1.--

- Die handschriftliche Ueberlieferung des Galenschen Kommentars zum Propheticum des Hippokrates. 41 S. Quart. 1912 | 2.50

- Die Entdeckung des Alkohols. 35 S. Quart. 1913 | 2.--

- Ueber Platons Nachtuhr. 7 S. Oktav. 1915 | 1.--

- Philodemos über die Götter. I.Buch. Griechischer Text und Erläuterung. 104 S. Quart. 1916 | 4.50

- Ueber die von Prokop beschriebene Kunstuhr von Gaza. Mit einem Anhang, enthaltend Text und Uebersetzung der ΕΚΦΡΑΣΙΣ ΩΡΟΛΟΓΙΟΥ des Prokopios von Gaza. Mit 2 Tafeln. 39 S. Quart. 1917 | 2.50

- Philodemos über die Götter (3.Buch):
  I. Griechischer Text. Quart. 69 S. 1917 | 3.50
  II. Erläuterung des Textes. Quart. 96 S. 1917 | 4.--

- Die Not der deutschen Wissenschaft. Oktav. 1920 | 2.--

- Lukrezstudien V. Oktav. 1922 | 1.--

- und A. Rehm, Parapegmenfragmente aus Milet. Mit 1 Tafel. Oktav. 1904 | 2.--

- und E.Schramm, Herons Belopoiika (Schrift vom Geschützbau). Griechisch und Deutsch. 56 S. Quart. 1918 | 3.--

- - Philons Belopoiika (4. Buch der Mechanik). Quart. 1919 | 5.--

- - Exzerpte aus Philons Mechanik. B.VII und VIII. (5. Buch der Mechanik). Quart. 1920 | 4.50

Dirksen, H.E., Ueber die Verdienstlichkeit methodischer Sprachforschung in Beziehung auf die Texteskritik und Auslegung römischer Rechtsquellen. Quart. 1855 | -.80

- Der Rechtsgelehrte und Taktiker Paternus, ein Zeitgenosse der Antonine. Quart. 1856 | 1.--

- Ein Beitrag zur Auslegung der epigraphischen Urkunde einer Städteordnung für die latinische Bürgergemeinde zu Salpensa. Quart. 1857 1.--
- Die römisch-rechtlichen Quellen des Magister Dositheus. Quart. 1857 1.--
- Die Quellen der römisch-rechtlichen Theorie von der Auslösung der in fremde Gefangenschaft geratenen Personen. Quart. 1858 1.--
- Der Rechtsgelehrte Aulus Cascellius, ein Zeitgenosse Ciceros. Quart. 1859 -.80

Dirksen, H.E., Die römisch-rechtlichen Mitteilungen in des Tacitus Geschichtsbüchern. Quart. 1860 -.80
- Ueber ein epigraphisches Zeugnis von der Weihung des zur Zeit des Neronischen Stadtbrandes gelobten Heiligtums in Rom. Quart. 1861 -.50

Dressel, H., Das Tempelbild der Athena Polias auf den Münzen von Priene. Oktav. 1905 1.--
- Fünf Goldmedaillons aus dem Funde von Abukir. Mit 4 Tafeln. Quart. 1906 5.50
- Das Iseum Campense auf einer Münze des Vespasianus. Mit 1 Tafel. Oktav. 1909 1.--

Duemmler, E., Gedächtnisrede auf Wilhelm Wattenbach. Quart. 1898 1.--

Erman, A., Römische Obelisken. Quart. 1917 2.50

Ferri, S., Alcune Iscrizioni ni di Cirene. Mit 2 Tafeln. Quart. 1926 7.50

Fränkel, M., Epigraphisches aus Aegina. Quart. 1897 2.--
- Eine Inschrift aus Argos. Oktav. 1898 1.--
- Beiträge zur griechischen Epigraphik aus Handschriften. Oktav. 1903 1.--

Friedländer, J., Ueber einige römische Medaillons. Mit 1 Tafel. Quart. 1873 1.--

Fritze, H.v., Die Münzen von Pergamon. Quart. 1910 9.--

Geffcken, J., Eine gnostische Vision. Oktav. 1899 1.--

Gerhard, E., Ueber die Hermenbilder auf griechischen Vasen. Nebst 5 Kupfertafeln. Quart. 1856 3.--
- Ueber die Hesiodische Theogonie. Quart. 1856 2.20
- Ueber die Anthesterien und das Verhältnis des attischen Dionysos zum Koradienst. Mit 4 Kupfertafeln. Quart. 1859 4.--
- Ueber Orpheus und die Orphiker. Quart. 1861 2.80
- Ueber den Bilderkreis von Eleusis. 1.Abhandlung. Mit 2 Kupfertafeln. Quart. 1863 2.20
- - 2. Abhandlung. Quart. 1864 2.40
- - 3. Abhandlung. Mit 3 Kupfertafeln. Quart. 1865 3.--

Goltz, E.Frhr.v., Unbekannte Fragmente altchristlicher Gemeindeordnungen. Nach G.Horners englischer Ausgabe des äthiopischen Kirchenrechtsbuches. Oktav. 1906 2.--

Graeber, Fr., Die Wasserleitungen von Pergamon. Vorläufiger Bericht. Mit einem Beitrage von C.Schuchhardt. Mit 2 Tafeln. Quart. 1888 2.--
- Vorläufiger Bericht über Untersuchung der Pergamenischen Wasserleitungen. Oktav. 1906 1.--

Harnack, A., Ueber zwei von Grenfell und Hunt entdeckte und publizierte altchristliche Fragmente. Oktav. 1898 1.--

- Vorläufige Bemerkungen zu dem jüngst syrisch und lateinisch publizierten "Testamentum domini nostri Jesu Christi". Oktav. 1899 1.--
- Ueber die beiden Rezensionen der Geschichte des Prisca und des Aquila in Act. Apost. 18, 1-27. Oktav. 1900 1.--
- Zu den Amherst-Papyri. Oktav. 1900 1.--
- Ein in georgischer Sprache überliefertes Apokryphon des Joseph von Arimathia. Oktav. 1901 1.--
- Der Brief des Ptolemäus an die Flora. Oktav. 1902 2.50
- Einige Bemerkungen zum 5.Buch der Kirchengeschichte des Eusebius nach der neuen Ausgabe von Eduard Schwartz. Oktav. 1903 1.--
- Die Retraktationen Augustins. Oktav. 1906 2.50
- Die Zeitangaben in der Apostelgeschichte des Lukas. Oktav. 1907 2.--
- Tertullians Bibliothek christlicher Schriften. Oktav. 1914 2.--
- Die älteste griechische Kircheninschrift. 21 S. Oktav. 1915 2.--
- Zur Geschichte der Anfänge der inneren Organisation der stadtrömischen Kirche. 34 S. Oktav. 1918 2.50
- Ueber I. Kor. 14,32 ff. und Röm. 16,25 ff. nach der ältesten Ueberlieferung und der Marcianit. Bibel. Oktav. 1919 1.--
- Studien zur Vulgata des Hebräerbriefes. Oktav. 1920 2.--
- Die älteste uns im Wortlaut bekannte dogmatische Erklärung eines römischen Bischofs. Oktav. 1923 1.--
- Das "Wir" in den Johanneischen Schriften. Oktav. 1923 2.--
- Der apokryphe Brief des Apostels Paulus an die Laodicener, eine marcianitische Fälschung aus der 2.Hälfte des 2. Jahrhunderts. Oktav. 1923 1.--
- Der erste deutsche Papst (Bonifatius II., 530-32) und die beiden letzten Dekrete des römischen Senats. Oktav. 1924 2.--
- Der apokryphe Brief des Paulusschülers Titus De dispositione sanctimonii. Oktav. 1925 2.50
- Die Bezeichnung Jesu als "Knecht Gottes" und ihre Geschichte in der alten Kirche. Oktav. 1926 2.--
- Christus praesens - Vicarias Christi. Oktav. 1927 2.--
- Das Alte Testament in den Paulinischen Briefen und in den Paulinischen Gemeinden. Oktav. 1928 2.--
- Die ältesten Evangelien-Prologe und die Bildung des Neuen Testaments. Oktav. 1928 2.--

Hatzidakis, G.N., Zur Betonung der griechischen Composita, deren zweiter Teil ein Verbaladjektiv trochäischer Messung ist. Oktav. 1900 1.--

- Umwandlung eines Potentials in Plusquamperfekt und Perfekt. Oktav. 1900 1.--

Heeg, J., Das Münchener Unzialfragment des Cassius Felix (clm. 29136) Oktav. 1910 1.--

- Ueber ein angebliches Diokleszitat. 17 S. Oktav. 1911 2.--
- Pseudodemokritische Studien. 59 S. Quart. 1913 2.50

Helm, R., Eusebius' Chronik und ihre Tabellenform. Quart. 1924 3.--

Helmreich, G., Handschriftliche Verbesserungen zu dem Hippokratesglossar des Galen. 18 S. Oktav. 1916 — 2.--

- Handschriftliche Studien zu Meletius. 62 S. Quart. 1918 — 3.50

Hercher, R., Ueber die homerische Ebene von Troja. Quart. 1876 — 1.--

Herzog, R., Das Heiligtum des Apollo in Halasarna. Mit 1 Tafel. Oktav. 1901 — 2.--

- Das panhellenische Fest und die Kultlegende von Didyma. Oktav. 1905 — 1.--

- Heilige Gesetze von Kos. Quart. 1928 — 9.--

Hiller von Gaertringen, F. Frhr.v., Ueber eine jüngst auf Rhodos gefundene Bleirolle, enthaltend den 80. Psalm Mit 1 Tafel. Oktav. 1898 — 1.--

- Archolochosdenkmal auf Paros. Oktav. 1904 — 1.--

- Voreuklidische Steine. Oktav. 1919 — 1.--

- Attische Inschriften. Oktav. 1921 — 1.--

- Athenische Inschriftstele mit Volksbeschluss und Baurechnung. Oktav. 1922 — 1.--

- und H.Lattermann, Arkadische Forschungen. Mit 13 Tafeln und 16 Abbildungen im Text. 44 S. Quart. 1911 — 8.50

Hirschfeld, O., Die Haeduer und Arverner unter römischer Herrschaft. Oktav. 1897 — 2.--

- Anlage und Abfassungszeit der Epitome des Florus. Oktav. 1899 — 1.--

- Rangtitel der römischen Kaiserzeit. Oktav. 1901 — 2.--

- Die Monumenta des Manilius und das Jus Papirianum. Oktav. 1903 — 1.--

- Gedächtnisrede auf Theodor Mommsen. Quart. 1904 — 1.50

- Die römische Staatszeitung und die Acclamationen im Senat. Oktav. 1905 — 2.--

- Die römischen Meilensteine. Oktav. 1907 — 2.50

Ihm, M., Richard Bentleys Suetonkritik. Oktav. 1901 — 2.--

Ilberg, J., Aus einer verlorenen Handschrift der Tardae passiones des Caelius Aurelianus. Oktav. 1921 — 1.--

Jaeger, W., Emendationen zur aristotelischen Metaphysik. Oktav. 1923 — 2.--

- Ueber Ursprung und Kreislauf des philosophischen Lebensideals. Oktav. 1928 — 2.50

Judeich, W., Bericht über eine Reise im nordwestlichen Kleinasien. Oktav. 1898 — 2.--

Kalbfleisch, K., Die neuplatonische, fälschlich dem Galen zugeschriebene Schrift Πρὸς Γαῦρον περὶ τοῦ πῶς ἐμψυχοῦται τὰ ἔμβρυα. Aus der Pariser Handschrift zum ersten Male herausgegeben. Mit 2 Tafeln. Quart. 1895 — 6.50

Kekule von Stradonitz, R., Ueber das Relief mit der Inschrift C.J.L. VI, 426. Oktav. 1901 — 1.--

- Ueber das Bruchstück einer altattischen Grabstele. Oktav. 1902 — 1.--

- Strategenköpfe. Quart. 1910 — 4.--

Kenyon, F.G., Some additional fragments of the London medical papyrus. Mit einem Anhang von H.Diels. Oktav. 1901 — 1.--

Kirchhoff, A., Ueber die Chronologie der attischen Volksbeschlüsse für Methone. Quart. 1862 — 2.--

- Bemerkungen zu den Urkunden der Schatzmeister "der anderen Götter" (ταμίαι τῶν ἄλλων θεῶν) Quart. 1864 — 2.20
- Ueber die Rede vom trierarchischen Kranze. Quart. 1865 — 1.60
- Ueber die Uebergaburkunde der Schatzmeister der Athener vom Jahre Ol.109,$_1$. Quart. 1868 — 1.40
- Ueber die Tributlisten der Jahre Ol. 85,$_2$ - 87,$_1$. Mit 1 Tafel. Quart. 1870 — 2.--
- Nachträgliche Bemerkungen zu der Abhandlung über die Abfassungszeit des Herodotischen Geschichtswerkes. Quart. 1872 — 1.20
- Ueber die Tributpflichtigkeit der attischen Kleruchen. Quart. 1873 — 1.25
- Ueber ein altattisches Grabdenkmal. Mit einem Nachtrage von E. Curtius. Mit 2 Tafeln. Quart. 1874 — 1.--
- Zur Geschichte des Athenischen Staatsschatzes im 5.Jahrhundert. Quart. 1876 — 2.20

Kirchner, J., Die Doppeldatierungen in den attischen Dekreten. Oktav. 1910 — 1.--

- Archon Euthios. Oktav. 1918 — 1.--

Klostermann, E., Die Schriften des Origines in Hieronymus' Brief an Paula. Oktav. 1897 — 1.--

Koch, K., Das Wolfenbüttler Palimpsest von Galens Schrift περὶ τῶν ἐν ταῖς τροφαῖς δυνάμεων. Oktav. 1907 — 1.--

Kögel, P.R., Die Palimpsestphotographie. Ein Beitrag zu den philologisch- historischen Hilfswissenschaften. 5 S. Oktav. 1914 — 1.--

Köhler, U., Urkunden und Untersuchungen zur Geschichte des delisch-attischen Bundes. Mit 10 Tafeln, enthaltend die Grundtexte. Quart. 1870 — 14.--

- Gedächtnisrede auf Ernst Curtius. Quart. 1897 — -.80
- Ueber Probleme der griechischen Vorzeit. Oktav. 1897 — 2.--
- Die Eroberung Asiens durch Alexander den Grossen und der korinthische Bund. Oktav. 1898 — 1.--
- Das asiatische Reich des Antigonos. Oktav. 1898 — 2.--
- Der thukydidische Bericht über die oligarchische Umwälzung in Athen im Jahre 411. Oktav. 1900 — 1.--
- Ein Nachtrag zum Lebenslauf des Epikureers Philonides. Oktav. 1900 — 1.--
- Zwei Inschriften aus der Zeit Antiochos' IV. Epiphanes. Mit 1 Tafel. Oktav. 1900 — 1.--
- Ueber die Korrespondenz zwischen dem asiatischen Herrscher Antigonos und der Stadtgemeinde der Skepsier aus dem Jahre 311 v.Chr. Oktav. 1901 — 1.--

Kolbe, W., Bericht über eine Reise in Messenien. Oktav. 1905 — 1.--

- Das Kalliasdekret. Oktav. 1927 — 1.--
- Studien über das Kalliasdekret. Oktav. 1929 — 2.--

Kranz, W., Ueber Aufbau und Bedeutung des Parmenideischen Gedichtes. 19 S. Oktav. 1916 — 2.--

Krüger, E., und D.Krencker, Vorbericht über die Ergebnisse der Ausgrabung des sogenannten römischen Kaiserpalastes in Trier. Mit 6 Tafeln. 82 S. Quart. 1915 — 6.50

Kuhn, A., Ueber Entwicklungsstufen der Mythenbildung. Quart. 1874 — 1.--

Lepsius, G.R., Ueber einige Berührungspunkte der ägyptischen, griechischen und römischen Chronologie. Quart. 1859 — 2.60

Lietzmann, H., Der Psalmenkommentar Theodors von Mopsuestia. Oktav. 1902 — 1.--

- Die Urform des apostolischen Glaubensbekenntnisses. Oktav. 1918 — 1.--
- Das Problem der Spätantike. Oktav. 1927 — 2.--

Loofs, F., Die Trinitätslehre Marcells von Ancyra und ihr Verhältnis zur älteren Tradition. Oktav. 1902 — 2.--

- Die chronologischen Angaben des sog. "Vorberichts" zu den Festbriefen des Athanasius. Oktav. 1908 — 1.--
- Das Glaubensbekenntnis der Homousianer von Sardica. Quart. 1909 — 2.--
- Zwei mazedonische Dialoge. 26 S. Oktav. 1914 — 2.--
- Das Bekenntnis Lucians, des Märtyrers. 28 S. Oktav. 1915 — 2.--

Maas, P., Zu den Beziehungen zwischen Kirchenvätern und Sophisten. I. Drei neue Stücke aus der Korrespondenz des Gregorios von Nyssa. 12 S. Oktav. 1912 — 1.--

- - II. Der Briefwechsel zwischen Basileios und Libanios. 15 S. Oktav. 1912 — 1.--

Marci Diaconi vita Porphyrii episcopi Gazensis ed. M.Haupt. Quart. 1875 — 3.--

Meister, R., Kyprische Sakralinschrift. Oktav. 1910 — 2.--

- Inschriften aus Rantidi in Kypros. Mit 1 Tafel. 21 S. Oktav. 1911 — 2.--

Mewaldt, J., Maximus Planudes in die Textgeschichte der Biographien Plutarchs. Oktav. 1906 — 1.--

- Die Editio princeps von Galenos. In Hippocratis de natura hominis. Mit 1 Tafel. 12 S. Oktav. 1912 — 1.--
- Eine Fälschung Chartiers in Galens Schrift über das Koma. 15 S. Oktav. 1913 — 1.--

Meyer, E., Nachträge zur ägyptischen Chronologie. Quart. 1908 — 2.50

- Isokrates' zweiter Brief an Philipp und Demosthenes' zweite Philippika, Oktav. 1909 — 2.--
- Die Schlacht von Pydna. Oktav. 1909 — 2.--
- Unter suchungen zur Geschichte des Zweiten Punischen Krieges. 27 S. Oktav. 1913 — 2.--
- Untersuchungen zur Geschichte des Zweiten Punischen Krieges. Dritter Teil. 28 S. Oktav. 1916 — 2.--
- Tongener und Teutonen. Oktav. 1921 — 1.--
- Das römische Manipularheer, seine Entwicklung und seine Vorstufen. Quart. 1923 — 3.--
- Sinn und Tendenz der Schluss-Szene am Kreuz im Johannesevangelium. Oktav. 1924 — 1.--
- Gottesstaat, Militärherrschaft und Dtändewesen in Aegypten. Zur Geschichte der 21 und 22.Dynastie. Oktav. 1928 — 2.50

Meyer, Paul M., Die Libelli aus der Decianischen Christenverfolgung. Mit 2 Tafeln. 34 S. Quart. 1911 — 3.--

- Zum sogenanten Gnomon des Idioslogos. Oktav. 1928 — 2.50

Meyerhof, M., Ueber das Leidener arabische Fragment von Galens Schrift "Ueber die medizinischen Namen". Oktav. 1928 — 2.--

- Ueber echte und unechte Schriften Galens nach arabischen Quellen. Oktav. 1928 — 2.--

Milchhoefer, A., Untersuchungen über die Demenordnung des Kleisthenes. Mit 1 Karte. Quart. 1892 — 2.50

Mitteis, L., Ueber drei neue Handschriften des syrisch-römischen Rechtsbuchs. Quart. 1905 — 2.50

Mommsen, Th., Ueber die Zeitfolge der Verordnungen Diokletians und seiner Mitregenten. Quart. 1861 — 3.60

- Festi codicis quaternionem decimum sextum denue edidit. Quart. 1864 — 1.--

- Zwei Sepulkralreden aus der Zeit Augusts und Hadrians. Quart. 1864 — 1.40

- Ancyranische Inschrift des Julius Severus. Oktav. 1901 — 1.--

- Weihe-Inschrift für Velerius Dalmatius. Oktav. 1902 — 1.--

- Inschrift aus Baalbek. Oktav. 1903 — 1.--

- Das Verhältnis des Tacitus zu den Akten des Senats. Oktav. 1904 — 1.--

Moritz, B., Zur antiken Topographie der Palmyrene. Mit 2 Tafeln. Quart. 1889 — 4.--

Müller, K., Kritische Beiträge. Oktav. 1919 — 2.50

Nilsson, M.P., Das homerische Königtum. Oktav. 1927 — 2.--

Oppenheim, M.Frhr.v., und Fr.Frhr.Hiller von Gaertringen, Höhleninschrift von Edessa mit dem Brief Jesu an Abgar. Oktav. 1914 — 1.--

Panofka, Th., Dichterstellen und Bildwerke in ihren wechselseitigen Beziehungen. Mit 21 Bildwerken auf vier Erläuterungstafeln. Quart. 1856 — 3.--

Parthey, G., Aegypten beom Geographen von Ravenna. Quart. 1858 — 1.20

- Zur Erdkunde des alten Aegyptens. Mit 16 Karten. Quart. 1859 — 6.--

- Ptolemaeus Lagi, der Gründer der 32. ägyptischen Dynastie. Quart. 1860 — -.80

- Das Orakel und die Oase des Ammon. Mit 2 Karten. Quart. 1862 — 2.80

- Zwei griechische Zauberpapyri des Berliner Museums, herausgegeben und erklärt. Mit 1 Faksimile. Quart. 1866 — 2.60

- Die thebanischen Papyrusfragmente im Berliner Museum. Quart. 1869 — 1.20

Pertz, G.H., Ueber die Berliner und die vatikanischen Blätter der ältesten Handschrift des Virgil. Hierzu 3 Blätter in Licht-Steindruck. Quart. 1863 — 4.50

Pinder, M., Ueber die Cistophoren und über die kaiserlichen Silbermedaillen der römischen Provinz Asia. Mit 8 Kupfertafeln. Quart. 1856 — 6.40

Pischel, R., Der Ursprung des christlichen Fischsymbols. Oktav. 1905 2.--

- Ins Gras beissen. Oktav. 1908 2.--

Plaumann, G., Der Idioslogos. Untersuchungen zur Finanzverwaltung Aegyptens in Hellenist. und Römischer Zeit. Quart. 1919 3.--

Pridik, E., Die Astynomennamen auf Amphoren- und Ziegelstempeln aus Südrussland. Oktav. 1928 2.50

Rahlfs, A., Griechische Wörter im Koptischen. Oktav. 1912 1.--

Rehm, A., Weiteres zu den milesischen Parapegmen. Oktav. 1904 1.--

- Bericht über eine Reise nach den Inseln Joniens v.21.VIII. bis 22. XII. 1924. Oktav. 1926 1.--

Reitzenstein, R., Zwei neue Fragmente der Epoden des Archilochos. Oktav. 1899 1.--

Robert, C., Zu den Epitrepontes des Menander. Oktav. 1912 2.--

- Ueber den Genfer Pheidias-Papyros. Oktav. 1914 1.--

Rudorff, A.E., Ad legem Acilliam de pecuniis repetundis latam anno ab urbe condita 631° vel 632°. Quart. 1862 4.20

- Ueber die lexikalen Exzerpte aus den Institutionen des Gajus. Quart. 1866 1.60

- Ueber die Glossare des Philoxenus und Cyrillus. Mit 1 Tafel. Quart. 1866 2.20

- Ueber den liber de officio proconsulis. Quart. 1866 2.80

- Ueber die Laudation der Murdia. Quart. 1869 2.--

- Ueber den Ursprung und die Bestimmung der Lex Dei oder Mosaicarum et Romanarum legum collatio. Quart. 1869 1.40

Schäfer, D., Honor, Citra, cis im mittelalterlichen Latein. Oktav.1921 1.--

Schede, M., Zweiter vorläufiger Bericht über die von den Berliner Staatlichen Museen unternommenen Ausgrabungen auf Samos. Quart. 1929 13.--

Schmidt, Carl, Neue Funde zu den alten ΠΡΑΞΕΙΣ ΠΑΥΛΟΥ Oktav. 1929 1.--

Schmidt, J., Die elischen Verba auf εω und der urgriechische Deklinationsablaut der Nomina auf εύς. Oktav. 1899 1.--

Schmidt, K., der erste Clemensbrief in altkoptischer Uebersetzung. Oktav. 1907 1.--

- Eine Epistola apostolorum in koptischer und lateinischer Ueberlieferung. Oktav. 1908 1.--

- Ein neues Fragment der Heidelberger Acta Pauli. Oktav. 1909 1.--

- und W.Schubart, Ein Fragment des Pastor Hermae aus der Hamburger Stadtbibliothek. Oktav. 1909 1.--

Schnabel, P., Der verlorene Speirer Codex des Itinerarium Antonini der Notitia dignitatum und anderer Schriften. Oktav. 1926 1.--

Schöne, H., Eine Streitschrift Galens gegen die empirischen Aerzte. Oktav. 1901 1.--

- Ein Palimpsestblatt des Galen aus Bobbio. Oktav. 1902 1.--

- Verbesserungen zum Galentext. Oktav. 1924 1.--

Schramm, E., Erläuterung der Geschützbeschreibung bei Vitruvius X. 10-12. 17 S. Oktav. 1917 — 2.--

Schulze, W., Griechische Lehnworte im Gotischen. Oktav. 1905 — 2.--

Schwartz, E., Prometheus bei Hesiod. 16 S. Oktav. 1915 — 1.--

Stumpf, C., Die pseudo-aristotelischen Probleme über Musik. Quart. 1897 — 3.50

Thulin, C., Die Handschriften des Corpus agrimensorum Romanorum. Mit 7 Tafeln. 102 S. Quart. 1911 — 9.--

Vahlen, J., Ueber die Anfänge der Heroiden des Ovid. Quart. 1881 — 1.50

- Ueber die Annalen des Ennius. Quart. 1886 — 2.--
- Hermeneutische Bemerkungen zu Aristoteles' Poetik. I. Oktav. 1897 — 2.--
- - II. Mitteilung. Oktav. 1898 — 2.--
- Bemerkungen zum Ennius. Oktav. 1899 — 1.--
- Ueber die Versschlüsse in den Komödien des Terentius. Quart. 1900 — 2.50
- Ueber Fragen der Verstechnik des Terentius. Oktav. 1901 — 2.--
- Ueber einige Zitate in Aristoteles' Rhetorik. Oktav. 1902 — 2.--
- Ueber Catulls Elegie an M'Allius. Oktav. 1902 — 2.--
- Ueber die Rede des Lysias in Platos Phaedrus. Oktav. 1903 — 2.--
- Beiträge zur Berichtigung der römischen Elegiker. I. Oktav. 1904 — 1.--
- - II. Mitteilung. Oktav. 1905 — 2.--
- Kritische Bemerkungen zur Verstechnik des Plautus. Oktav. 1907 — 1.--
- Ueber zwei Briefe des Alciphron. Oktav. 1908 — 2.--
- Ueber Leibniz und Schleiermacher. Oktav. 1909 — 1.--
- Ueber einige Lücken in der fünften Dekade des Livius. Oktav. 1909 — 2.--
- Ueber eine Stelle in Aristoteles' Poetik. Oktav. 1910 — 1.--

Wegehaupt, H., Die Entstehung des Corpus Planudeum von Plutarchs Moralia. Oktav. 1909 — 2.--

- Der Florentiner Plutarch-Palimpsest. Mit 4 Tafeln. 21 S. Quart. 1914 — 3.--

Wellmann, M., Aelius Promotus Ἰατρικὰ φυσικὰ καὶ ἀντιπαθητικά. Oktav. 1908 — 1.--

- Pseudodemocritea Vaticana. Oktav. 1908 — 1.--
- Die Georgika des Demokritos. Quart. 1921 — 2.50
- Die ΦΥΣΙΚΑ des Bolos Demokritos und der Magier Anaxilaos aus Larissa. Teil I. Quart. 1928 — 12.--

Wendland, P., Eine doxographische Quelle Philos. Oktav. 1897 — 1.--

- Ein Wort des Heraklit. Oktav. 1898 — 1.--

Wenkebach, E., Pseudogalenische Kommentare zu den Epidemien des Hippokrates. Quart. 62 S. 1917 — 3.50

- Das Proömium der Kommentare Galens zu den Epidemien des Hippokrates. 55 S. Quart. 1918 — 3.--
- Eine alexandrinische Buchfehde um einen Buchstaben in den hippokratischen Krankengeschichten. Oktav. 1920 — 1.--

- Untersuchungen über Galens Kommentare zu den Epidemien des Hippokrates. Quart. 1925 6.--
- Beiträge zur Textgeschichte der Epidemiekommentare Galens I. Teil. Quart. 1928 14.50
- dto. dto. II. Teil. Quart. 1928 15.--

Wetzstein, J.G., Ausgewählte griechische und lateinische Inschriften, gesammelt auf Reisen in den Trachonen und um das Haurán-Gebirge. Mit 1 Karte. Quart. 1864 3.60

Wickert, L., Vorbemerkungen zu einem Supplementum Ostiense des Corpus Inscriptionum Latinarum. Oktav. 1928 2.50
- Bericht über eine Reise zur Vorbereitung eines Supplementum Hispaniense des Corpus inscriptionum Latinarum. Oktav. 1929 1.--

Wiegand, Th., Untergang und Wiedererstehen antiker Kulturdenkmäler. Oktav. 1928 1.--

Wilamowitz-Moellendorff, U.v., Panionion und über die ionische Wanderung. 2. Auflage. Oktav. 1906 2.50
- Zum Lexikon des Photios. Verbesserungen von Dichterstellen in dem Berliner Stücke des Buchstabens A. Oktav. 1907 1.--
- Gedächtnisrede auf Adolf Kirchhoff. Quart. 1908 2.--
- Nordionische Steine. Mit Beiträgen von P. Jacobsthal. 2 Tafeln. Quart. 1909 5.--
- Ein Stück aus dem Ancoratus des Epiphanios. 14 S. Oktav. 1911 1.--
- Athenion und Ariston. Oktav. 1923 1.--
- Die griechische Heldensage II. Oktav. 1925 2.--
- Der Rhetor Aristeides. Oktav. 1925 2.--
- Pherikydes. Oktav. 1926 2.--
- Ein Siedlungsgesetz aus West-Lokris. Oktav. 1927 1.--
- Marcellus von Side. Oktav. 1928 2.--
- Kronos und die Titanen. Oktav. 1929 2.--

Wilcken, U., Aktenstücke aus der Kgl. Bank zu Theben in den Museen von Berlin, London, Paris. Quart. 1886 4.--
- Gedächtnisrede auf Otto Hirschfeld. Oktav. 1922 1.--
- Alexander der Grosse und der korinthische Bund. Oktav. 1922 2.--
- Ueber eine Inschrift aus dem Asklepieion von Epidauros. Oktav. 1922 2.--
- Alexander der Grosse und die Gymnosophisten. Oktav. 1923 2.50
- Der angebliche Staatsstreich Octavians im Jahre 32 v. Chr. Oktav. 1925 2.--
- Zu der epidaurischen Bundesstele vom Jahre 302 v. Chr. Oktav. 1927 2.--
- Zur Geschichte des Usurpators Achillens. Oktav. 1927 1.--
- Alexanders Zug in die Oase Siwa. Oktav. 1928 2.--
- Philipp II. von Makedonien und die panhellenische Idee. Oktav. 1929 2.--

Wilhelm, A., Inschrift zu Ehren des Paulinus aus Sparta. 6 S. Oktav. 1913 1.--

Zeller, E., Ueber die Benutzung der aristotelischen Metaphysik in den Schriften der älteren Peripatetiker. Quart. 1877	1.40
Zibarth, E., Neue attische Hypothekeninschriften. Oktav. 1897	1.--
- Neue attische Grenzsteine. Oktav. 1898	1.--
Zucker, F., Urkunde aus der Kanzlei eines römischen Statthalters von Aegypten in Originalausfertigung. Oktav. 1910	2.--
Zumpt, O.G., Ueber Abstimmung des römischen Volkes in Centuriatcomitien und über den M.Curius, der den Velinus abgeleitet. Quart. 1837	1.--
- De legibus judiciisque repetundarum in repiblica Romana commentatio I. II. Quart. 1845	2.--
- - commentatio III. Quart. 1847	1.80

6. Romanische Sprachen

Meyer-Lübke, W., Die Diphthonge im Provenzalischen. Mit 1 Tafel. Oktav. 1916 — 2.--

Morf, H., Galeotto fu il libro e chi lo scrisse (Dante, Inferno V, 137). 21 S. Oktav. 1916 — 2.--

Roethe, G., Gedächtnisrede auf Heinrich Morf. Oktav. 1921 — 1.--

Schuchhardt, H., Zu den romanischen Benennungen der Milz. Oktav. 1917 — 1.--

- Zur Kenntnis des Baskischen von Sara (Labourd). Quart. 1922 — 2.50

Tobler, A., Die altvenezianische Uebersetzung der Sprüche des Dyonysius Cato. Quart. 1883 — 3.50

- Das Buch des Ugocon da Laodho. Quart. 1884 — 5.--
- Das Spruchgedicht des Girard Pateg. Quart. 1886 — 5.--
- Der provenzalische Sirventes "Senher n'enfantz s'il vos platz" (Bartschs Grundriss 461, 219). Oktav. 1900 — 1.--
- Vermischte Beiträge zur französischen Grammatik I. Oktav. 1901 — 2.--
- - II. Oktav. 1902 — 2.--
- - III. Oktav. 1905 — 1.--
- - IV. Oktav. 1905 — 2.--
- - V. Oktav. 1909 — 1.--
- Etymologisches. I. Oktav. 1902 — 1.--
- - II. Oktav. 1904 — 1.--
- Bruchstücke altfranzösischer Dichtung aus den in der Kubbet in Damaskus gefundenen Handschriften. Oktav. 1903 — 2.--
- Altital. adonare. Oktav. 1907 — 1.--
- Mon Cheri, Anrede an weibliche Person. - Malgre qu'il en ait. Oktav. 1908 — 1.--

Urtel, H., Zum Iberischen in Süd-Frankreich. Oktav. 1917 — 2.--

Wartburg, W.v., Zur Benennung des Schafes in den romanischen Sprachen. Ein Beitrag zur Frage der provinziellen Differenzierung des späteren Lateins. 37 S. mit 2 Tafeln. Quart. 1918 — 3.--

7. Germanische Sprachen

Berend, E., Prolegomena zur historisch-kritischen Gesamtausgabe von Jean Pauls Werken. Quart. 1927	5.--
Bolte, J., Zwei satirische Gedichte von Sebastian Franck. Oktav. 1925	2.--
- Eine ungedruckte Poetik Kaspar Stielers. Oktav. 1926	2.--
- Deutsche Lieder in Dänemark. Oktav. 1927	2.--
- Fahrende Leute in der Literatur des 15. und 16. Jahrhunderts. Oktav. 1928	2.--
Brandl, A., Zum ags. Gedichte "Traumgesicht vom Kreuze Christi". Oktav. 1905	1.--
- Zur Szenenführung bei Shakespeare. Oktav. 1906	1.--
- Anfänge der Autobiographie in England. Oktav. 1908	1.--
- The Cock in the North. Poetische Weissagung auf Percy Hotspur (gest.1403). Oktav. 1909	2.--
- Spielmannsverhältnisse in frühmittelenglischer Zeit. Oktav. 1910	2.--
- Zum dichterischen Vorstellungsleben bei Wordsworth. Oktav. 1922	1.--
- Zur Psychologie des Dichtens bei Burns. Oktav. 1923	1.--
- Walter Scott über sein dichterisches Schaffen. Oktav. 1926	1.--
- Lebendige Sprache: Beobachtungen an Lautplatten englischer Dialektsätze. Oktav. 1928	1.--
- Hercules und Beowulf. Oktav. 1928	1.--
- Beowulf und die Merowinger. Oktav. 1929	1.--
Burdach, K., Zum zweiten Reichsspruch Walthers von der Vogelweide. Oktav. 1902	1.--
- Die älteste Gestalt des westöstlichen Diwans. Oktav. 1904	2.50
- - Nachtrag. Oktav. 1904	1.--
- Longinus-Speer in eschatologischem Lichte. Oktav. 1920	2.--
Dilthey, W., Die Funktionen der Anthropologie in der Kultur des 16. und 17. Jahrhunderts. Nachtrag. Oktav. 1904	2.--
Erdmann, B., Orientierende Bemerkungen über die Quellen zur Leibnizschen Philosophie. Oktav. 1917	1.--
Erdmann, O., Ueber die Wiener und Heidelberger Handschrift des Otfried. Mit 5 Tafeln. Quart. 1880	3.--
Freitag, A., Die Urschrift der Lutherbibel als Dokument für Luthers Benutzung der deutschen Bibel des Mittelalters. Oktav. 1929	2.--
Fresenius, A., Eine gleichartige Textverderbnis bei Goethe und Heinrich von Kleist. Oktav. 1915	1.--
Grimm, J., Ueber den personenwechsel in der rede. Quart. 1856	2.20
- Von vertretung männlicher durch weibliche namensformen. Quart. 1858	2.--

- Ueber einige fälle der attraction. Quart. 1858 1.20
- und A. Pictet, Ueber die Marcellischen Formeln. Quart. 1855 -.80

Grimm, W., Bruchstücke aus einem unbekannten gedicht vom rosengarten mitgetheilt. Quart. 1860 -.80

Groethuysen, B., Ein Brief Kants. Oktav. 1906 1.--

Hagen, F.H. v.d., Bilder aus dem Ritterleben und aus der Ritterdichtung nach Elfenbeingebilden und Gedichten des Mittelalters. Mit 4 Tafeln. Quart. 1856 2.60

Hellmann, G., Ueber den Ursprung der volkstümlichen Wetterregeln (Bauernregeln). Oktav. 1923 2.--

Heusler, A., Die gelehrte Urgeschichte im altisländischen Schrifttum. Quart. 1908 4.--
- Zum isländischen Fehdewesen in der Sturlungenzeit. 102 S. Quart. 1912 4.--
- Die Anfänge der isländischen Saga. 87 S. Quart. 1914 3.50
- Die Heldenrollen im Burgunderuntergang. 30 S. Oktav. 1915 2.--
- Die zwei altnordischen Sittengedichte der Havamal nach ihrer Strophenpflege. Oktav. 1917 2.--
- Die deutsche Quelle der Ballade von Kremolds Rache. Oktav. 1921 2.--

Homeyer, C.G., Johannes Klenkok wider den Sachsenspiegel. Quart. 1855 2.--
- Ueber die Informatio ex speculo Saxonum. Quart. 1857 1.60
- Die Genealogie der Handschriften des Sachsenspiegels. Quart. 1860 3.60
- Die Stadtbücher des Mittelalters, insbesondere das Stadtbuch von Quedlinburg. Quart. 1860 2.20
- Die Extravaganten des Sachsenspiegels. Quart. 1861 1.50
- Der Dreissigste. Quart. 1865 5.20
- Ueber die Formel der "Minne und des Rechts eines andern mächtig sein". Quart. 1867 1.--
- Das Friedegut in den Fehden des deutschen Mittelalters. Quart. 1867 1.--

Kögel, P.R., Die Palimpsestphotographie. Ein Beitrag zu den philologisch-historischen Hilfswissenschaften. 5 S. Oktav. 1914 1.--

Koser, R., Ueber eine Sammlung von Leibniz-Handschriften im Staatsarchiv zu Hannover. Oktav. 1902 2.--
- Zur Geschichte der Berufung der Gebrüder Grimm nach Berlin. Oktav. 1905 1.--
- Ueber eine ungedruckte Ode Friedrichs des Grossen von 1742 "Sur les jugements que le public porte sur ceux qui sont chargés dans la société civile du malheureux emploi de politiques". Oktav. 1908 2.--

Kurrelmeyer, W., Die Doppeldrucke in ihrer Bedeutung für die Textgeschichte von Wielands Werken. 45 S. Quart. 1913 2.--

Leitzmann, A., Briefe an Karl Lachmann aus den Jahren 1814–1850. Herausgegeben und erläutert. 108 S. Quart. 1915 5.50
- Die Entstehungszeit von Goethes Episteln. 10 S. Oktav. 1918 1.--

Müller, K., Kritische Beiträge. Oktav. 1919	2.50
Pertz, G.H., Ueber eine rheinische Chronik des 13.Jahrhunderts Quart. 1855	1.--
Pertz, G.H., Ueber die gedruckten Ablassbriefe von 1454 und 1455. Mit 2 Kupfertafeln. Quart. 1857	1.50
- Ueber einige Handschriften deutscher Rechts- und Gesetzbücher. Quart. 1857	1.--
Roethe, G., Gedächtnisrede auf Erich Schmidt. 8 S. Oktav. 1913	1.--
- Zu den altdeutschen Zaubersprüchen. 5 S. Oktav. 1915	1.--
- Gedächtnisrede auf Heinrich Morf. Oktav. 1921	1.--
- Bemerkungen zu den deutschen Worten des Typus ... Oktav. 1919	2.50
Rogge, H., Urschrift von Adelbert v. Chamissos "Peter Schlemihl". Oktav. 1919	1.--
Schäfer, D., Mittelalterlicher Brauch bei der Ueberführung von Leichen. Oktav. 1920	2.--
- Honor, citra, cis im mittelalterlichen Latein. Oktav. 1921	1.--
Schillmann, Fr., Der Anteil König Friedrich Wilhelms IV. an der Berufung der Brüder Grimm nach Berlin. Oktav. 1914	1.--
Schmidt, E., Die Quellen der " komischen Einfälle und Züge" Lessings (Lachmann-Muncker 3, 496-500). Oktav. 1897	2.--
- Uhlands "Märchenbuch des Königs von Frankreich". Oktav. 1897	2.50
- Lenziana. Oktav. 1901	2.50
- Die Weiber von Weinsberg. Oktav. 1902	2.--
- Gedächtnisrede auf Karl Weinhold. Quart. 1902	1.--
- Ein Skizzenbuch Otto Ludwigs. Oktav. 1909	2.--
Schmidt, J., Gedächtnisrede auf Wilhelm Scherer. Quart. 1887	1.--
Seuffert, B., Prolegomena zu einer Wieland-Ausgabe. Im Auftrage der deutschen Kommission entworfen. I. II. Quart. 1904	3.--
- - III. IV. Quart. 1905	2.50
- - V. Quart. 1909	4.--
- - VI. Quart. 1909	4.50
- - VII. Quart. 1921	3.--
Siebs, Th., Westfriesische Studien. Quart. 1895	3.50
Unwerth, W.v., Proben deutsch-russischer Mundarten aus den Wolgakolonien und dem Gouv. Chersen. Quart. 1918	5.--
Weinhold, K., Glücksrad und Lebensrad. Mit 2 Tafeln. Quart. 1892	2.50
- Zur Geschichte des heidnischen Ritus. Quart. 1896	2.--
- Die mystische Neunzahl bei den Deutschen. Quart. 1897	2.50
- Die Zeitpartikeln des schlesischen Dialekts. Oktav. 1900	2.--
Wrede, F., Zu den Merseburger Zaubersprüchen. Oktav. 1923	1.--

8. Die übrigen Sprachen

Buschmann, J.C.E., Die Sprachen Kizh und Netela von Neu-Kalifornien dargestellt usw. Quart. 1856 — 1.20

- Die Lautveränderung aztekischer Wörter in den sonorischen Sprachen und die sonorische Endung "Ame". Quart. 1857 — 4.—
- Die Pima-Sprache und die Sprache der Koloschen. Quart. 1857 — 4.—
- Die Völker und Sprachen Neu-Mexikos und der Westseite des britischen Nordamerikas dargestellt. Quart. 1858 — 6.—
- Systematische Worttafel des athapaskischen Sprachstammes, aufgestellt und erläutert. 3.Abteilung des Apache. Quart. 1860 — 2.80
- Das Apache als eine athapaskische Sprache erwiesen; in Verbindung mit einer systematischen Worttafel des athapaskischen Sprachstammes.
  1. Abteilung. Quart. 1860 — 3.—
  2. Abteilung. Quart. 1863 — 2.—
  3. Abteilung. Quart. 1860 — 2.80
- Die Verwandtschaftsverhältnisse der athapaskischen Sprachen dargestellt. 2. Abteilung des Apache. Quart. 1863 — 2.—
- Grammatik der sonorischen Sprachen, vorzüglich der Tarahumara, Tepeguama, Cora und Cahita, als IX. Abschnitt der Spuren der aztekischen Sprache ausgearbeitet.
  1. Abteilung. Das Lautsystem. Quart. 1864 — 2.60
  2. Abteilung. Der Artikel, das Substantivum und Adjektivum. Quart. 1869 — 10.50
  3. Abteilung. Das Zahlwort. Quart. 1868 — 8.—
- Die Ordinalzahlen der mexikanischen Sprache dargestellt. Quart. 1880 — 2.50

Finck, F.N., Die samoanische Partikel 'o . Oktav. 1904 — 1.—

- Die Grundbedeutung des grönländischen Subjektivs. Oktav. 1905 — 1.—
- Zwei Lieder der deutschen Zigeuner. Oktav. 1906 — 1.—
- Die samoanischen Personal- und Possessivpronomina. Oktav. 1907 — 2.—

Lewy, E., Einige Wohllautsregeln des Tscheremissischen. Oktav. 1919 — 1.—

Mann, O., Kurze Skizze der Lurdialekte. Oktav. 1904 — 2.—

Pelissier, R., Misehär-tatarische Sprachproben. Quart. 1919 — 2.50

- Moksamordvinische Texte. Quart. 1926 — 6.—

Petermann, H., Über den Dialekt der Armenier von Tiflis. Quart. 1867 — 1.10

- Beiträge zu der Geschichte der Kreuzzüge, aus armenischen Quellen. Quart. 1860 — 3.—

Schäfer, H., Nubische Texte im Dialekt der Kumîzı (Mundart von Abuhör). Mit 24 Textfiguren. 289 S. Quart. 1917 — 14.50

Schott, W., Die estnischen Sagen von Kalewi-Poeg. Quart. 1863 — 2.40

- Ueber die echten Kirgisen. Quart. 1865 — 1.60

9. Geschichte, Politik

Andreas, W., Die russische Diplomatie und die Politik Friedrich Wilhelm IV. von Preussen. Quart. 1926 — 8.--

Brackmann, A., Dictamina zur Geschichte Friedrich Barbarossas. Oktav. 1927 — 1.--

- Heinrich IV. als Politiker beim Ausbruch des Investiturstreites. Oktav. 1927 — 2.--
- Zur Geschichte der Hirsauer Reformbewegung im XII. Jahrhundert. Quart. 1928 — 8.50
- Die Entstehung der Andechser Wallfahrt. Quart. 1929 — 9.--

Bresslau, H., Aus der ersten Zeit des grossen Abendländischen Schismas. Quart. 1919 — 2.50

- Die ältere Salzburger Annalistik. Quart. 1923 — 5.25

Briefwechsel Friedrichs des Grossen mit dem Prinzen Wilhelm IV. von Oranien und mit dessen Gemahlin Anna, geb. Princess Royal von England. Mitgeteilt von Leopold v. Ranke. Quart. 1869 — 4.50

Brunner, H., Ueber ein verschollenes merovingisches Königsgesetz des 7.Jahrhunderts. Oktav. 1901 — 2.--

Bruns, C.G., Die Unterschriften in den römischen Rechtsurkunden. Quart. 1876 — 4.--

Cohn, B., Die Anfangsepoche des jüdischen Kalenders. 5 S. Oktav. 1914 — 1.--

Degering, Ein Alkoholrezept aus dem 8.Jahrhundert. Oktav. 1917 — 1.--

Dillmann, A., Ueber die Anfänge des Axumitischen Reiches. Quart. 1879 — 3.--

- Zur Geschichte des Axumitischen Reiches im 4. bis 6. Jahrhunderts. Quart. 1880 — 2.50
- Ueber die Regierung, insbesondere die Kirchenordnung des Königs Zar'a-Jacob. Quart. 1884 — 5.--
- Gedächtnisrede auf Karl Richard Lepsius. Quart. 1885 — 1.--

Dilthey, W., Die Funktion der Anthropologie in der Kultur des 16. und 17. Jahrhunderts. Oktav. 1904. Nachtrag. — 2.--

Dirksen, E.H., Ueber ein epigraphisches Zeugnis von der Weihung des zur Zeit des Neronischen Stadtbrandes gelobten Heiligtums in Rom. Quart. 1861 — -.50

Droysen, J.G., Ueber eine Flugschrift von 1743. Quart. 1872 — 1.80

- Zur Schlacht von Chotusitz. Mit 2 Tafeln. Quart. 1873 — 7.50

Duemmler, E., Gedächtnisrede auf Paul Scheffer-Boichhorst. Quart. 1902 — 1.--

Erdmann, C., Das Papsttum und Portugal im ersten Jahrhundert der portugiesischen Geschichte. Quart. 1928 — 9.50

Friedensburg, W., Das Kgl. Preuss. Historische Institut in Rom in den 13 ersten Jahren seines Bestehens 1888-1901. Quart. 1903 — 6.--

Friedrichs des Grossen Briefwechsel mit dem Prinzen Wilhelm IV. von Oranien, s. Briefwechsel.

Gelzer, H., Pergamon unter Byzantinern und Osmanen. Quart. 1903 — 4.--

Harnack, A., Ueber die "Ordinationes" im Papstbuch. Oktav. 1897 — 2.--

- Der Brief des britischen Königs Lucius an den Papst Eleutherus. Oktav. 1904 — 1.--
- Ueber die Herkunft der 48 (47) ersten Päpste. Oktav. 1904 — 2.--
- Die angebliche Synode von Antiochia im Jahre 324/5. Oktav. 1908 — 1.--
- Der erste Klemensbrief. Eine Studie zur Bestimmung des Charakters des ältesten Heidenchristentums. Oktav. 1909 — 2.--
- Der erste deutsche Papst (Bonifatius II. 530-32) und die beiden letzten Dekrete des römischen Senats. Oktav. 1924 — 2.--

Helm, R., Eusebius Chronik und ihre Tabellenform. Quart. 1924 — 3.--

- Die neuesten Hypothesen zu Eusebius' (Hyronimus)Chronik. Oktav. 1929 — 2.50

Heymann, E., Das Testament König Friedrich Wilhelms III. Oktav. 1925 — 2.50

Hintze, O., Der Ursprung des Landratsamts in der Mark Brandenburg. Oktav. 1915 — 2.--

- Gedächtnisrede auf Reinhold Koser. Quart. 1915 — -.50
- Wesen und Verbreitung des Feudalismus. Oktav. 1929 — 2.--

Hirschfeld, O., Die Haeduer und Arverner unter römischer Herrschaft. Oktav. 1897 — 2.--

- Anlage und Abfassungszeit der Epitome des Florus. Oktav. 1899 — 1.--
- Die Rangtitel der römischen Kaiserzeit. Oktav. 1901 — 2.--
- Die Monumenta des Manilius und das Jus Papirianum. Oktav. 1903 — 1.--
- Gedächtnisrede auf Theodor Mommsen. Quart. 1904 — 1.50
- Die römische Staatszeitung und die Acclamationen im Senat. Oktav. 1905 — 2.--

Homeyer, C.G., Johannes Klenkok wider den Sachsenspiegel. Quart. 1855 — 2.--

- Ueber die Informatio ex speculo Saxonum. Quart. 1857 — 1.60
- Die Genealogie der Handschriften des Sachsenspiegels. Quart. 1860 — 3.60
- Die Stadtbücher des Mittelalters, insbesondere das Stadtbuch von Quedlinburg. Quart. 1860 — 2.20
- Die Extravaganten des Sachsenspiegels. Quart. 1861 — 1.50
- Der Dreissigste. Quart. 1865 — 5.20
- Ueber die Formel der "Minne und des Rechts eines andern mächtig sein." Quart. 1867 — 1.--
- Das Friedegut in den Fehden des deutschen Mittelalters. Quart. 1867 — 1.--

Kehr, P., Erzbistum Magdeburg und die erste Organisation der christlichen Kirche in Polen. Quart. 1920 — 2.75

- Zur Geschichte Wiberts von Ravenna (Clemens III) I. Oktav. 1921 — 1.--
- - dto. II. Oktav. 1921 — 1.--

- Die ältesten Papsturkunden Spaniens. Quart. 1926 17.--
- Das Papsttum und der katalanische Prinzipat bis zur Vereinigung mit Aragon. Quart. 1926 13.50
- Erster Bericht über die geschichtlichen Forschungen in Spanien. (1925-1927) Oktav. 1927 1.--
- Wie und wann wurde das Reich Aragon ein Lehen der römischen Kirche? Oktav. 1928 2.--
- Das Papsttum und die Königreiche Navarra und Aragon bis zur Mitte des 12.Jahrhunderts. Quart. 1928 9.--

Kirchhoff, A., Ueber die Chronologie der attischen Volksbeschlüsse für Methone. Quart. 1862 2.--
- Ueber die Uebergaburkunde der Schatzmeister der Athener vom Jahre Ol. $109,_1$. Quart. 1868 1.40
- Ueber die Tributlisten der Jahre Ol. $85,_2$ - $87,_1$. Mit 1 Tafel. Quart. 1870 2.--
- Nachträgliche Bemerkungen zu der Abhandlung über die Abfassungszeit des Herodotischen Geschichtswerkes. Quart. 1872 1.20
- Zur Geschichte des Athenischen Staatsschatzes im 5. Jahrhundert. Quart. 1876 2.20

Kögel, P.R., Die Palimpsestphotographie. Ein Beitrag zu den philologisch-historischen Hilfswissenschaften. Oktav. 1914 1.--

Köhler, U., Urkunden und Untersuchungen zur Geschichte des delisch-attischen Bundes. Mit 10 Tafeln, enthaltend die Grundtexte. Quart. 1870 14.--
- Ueber Probleme der griechischen Vorzeit. Oktav. 1897 2.--
- Die Eroberung Asiens durch Alexander den Grossen und der korinthische Bund. Oktav. 1898 1.--
- Das asiatische Reich des Antigonos. Oktav. 1898 2.--
- Der thukydidische Bericht über die oligarchische Umwälzung in Athen im Jahre 411. Oktav. 1900 1.--
- Zwei Inschriften aus der Zeit Antiochos' IV. Epiphanes. Mit 1 Tafel. Oktav. 1900 1.--
- Ueber die Korrespondenz zwischen dem asiatischen Herrscher Antigonos und der Stadtgemeinde der Skepsier aus dem Jahre 311 v. Chr. Oktav. 1901 1.--

Koser, R., Ueber eine ungedruckte Ode Friedrichs des Grossen von 1742 "Sur les jugements que le public porte sur ceux qui sont chargés dans la société civile du malheureux emploi de politiques." Oktav. 1908 2.--
- Aus der Vorgeschichte der ersten Teilung Polens. Oktav. 1908 1.--

Lenz, M., Festrede, gehalten am 25.März 1897 zur Feier des 100 jährigen Geburtstages Kaiser Wilhelms I. Oktav. 1897 1.--
- König Wilhelm und Bismarck in ihrer Stellung zum Frankfurter Fürstentag. I.Stück. Oktav. 1929 1.--

Lohmann, F., Die amtliche Handelsstatistik Englands und Frankreichs im 18. Jahrhundert. Oktav. 1898 2.50

Meinecke, Fr., Kühlmann und die päpstliche Friedensaktion von 1917. Oktav. 1928 2.--

Meisner, B., Ein Entwurf zu einem neubabylonischen Gesetzbuch. 18 S. Oktav. 1918 2.--

Meyer, E., Nachträge zur ägyptischen Chronologie. Quart. 1908 2.50

- Gedächtnisrede auf Eberhard Schrader. Quart. 1909 1.--
- Die Schlacht von Pydna. Oktav. 1909 2.--
- Untersuchungen zur Geschichte des Zweiten Punischen Krieges. 27 S. Oktav. 1913 2.--
- Untersuchungen zur Geschichte des Zweiten Punischen Krieges. Dritter Teil. 28 S. Oktav. 1916 2.--
- Tongener und Teutonen. Oktav. 1921 1.--
- Das römische Manipularheer, seine Entwicklung und seine Vorstufen. Quart. 1923 3.--
- Ursprung und Entwicklung des dynastischen Erbrechts auf den Staat und seine geschichtliche Wirkung vor allem auf die politische Gestaltung Deutschlands. Oktav. 1928 1.--
- Gottesstaat, Militärherrschaft und Ständewesen in Aegypten. Zur Geschichte der 21. und 22. Dynastie. Oktav. 1928 2.50

Meyer, Paul, M., Die Libelli aus der Decianischen Christenverfolgung, Mit 2 Tafeln. 34 S. Quart. 1911 3.--

Michael, W., Das Original der pragmatischen Sanktion Karls VI. Quart. 1929 7.50

Milchhoefer, A., Untersuchungen über die Demenordnung des Kleisthenes. Mit 1 Karte. Quart. 1892 2.50

Mommsen, Th., Ueber die Zeitfolge der Verodnungen Diokletians und seiner Mitregenten. Quart. 1861 3.60

- Zeitzer Ostertafel vom Jahre 447. Mit 2 Tafeln. Quart. 1863 1.80
- Festi codicis quaternionem decimum sextum denue edidit. Quart. 1864 1.--
- Zwei Sepulkralreden aus der Zeit Augusts und Hadrians. Quart. 1864 1.40
- Ancyranische Inschrift des Julius Severus. Oktav. 1901 1.--
- Weihe-Inschrift für Valerius Dalmatius. Oktav. 1902 1.--
- Inschrift aus Baalbek. Oktav. 1903 1.--
- Das Verhältnis des Tacitus zu den Akten des Senats. Oktav. 1904 1.--

Moritz, B., Beiträge zur Geschichte des Sinaiklosters im Mittelalter nach arabischen Quellen. 62 S. mit 2 Tafeln. Quart. 1918 4.--

Müller, Karl, Beiträge zur Geschichte der Verfassung der alten Kirche. Quart. 1922 1.50

Perlbach, M., und J. Luther, Ein neuer Bericht über Luthers Verbrennung der Bannbulle. Oktav. 1907 1.--

Pertz, G.H., Ueber eine rheinische Chronik des 13. Jahrhunderts. Quart. 1855 1.--

- Ueber die gedruckten Ablassbriefe von 1454 und 1455. Mit 2 Kupfertafeln. Quart. 1857 1.50
- Ueber einige Handschriften deutscher Rechts- und Gesetzbücher. Quart. 1857 1.--
- Ueber die politische Bedeutung des Jahres 1810. Quart. 1861 1.60

Petermann, H., Beiträge zur Geschichte der Kreuzzüge, aus armenischen Quellen. Quart. 1860 3.--

Ritter, Paul, Neun Briefe von Leibniz an Friedrich August Hackmann. 17 S. Oktav. 1915 2.--

Schäfer, D., Zur Beurteilung des Wormser Konkordats. Quart. 1905 4.--

- Die agrarii milites des Widukind. Oktav. 1905 1.--
- "Sclusas" im Strassburger Zollprivileg von 831. Oktav. 1905 1.--
- Die Ungarnschlacht von 955. Oktav. 1905 2.--
- Consilio vel judicio - mit minne oder mit rechte. 15 S. Oktav. 1913 1.--
- Zur Geschichte deutscher allgemeiner Wehrpflicht. Oktav. 1917 2.--
- Mittelalterlicher Brauch bei der Ueberführung von Leichen. Oktav. 1920 2.--
- Honor, citra, cis im mittelalterlichen Latein. Oktav. 1921 1.--

Scheffer-Boichhorst, P., Das Gesetz Kaiser Friedrichs II. "De resignandis privilegiis". Oktav. 1900 2.--

- Norberts Vita Bennonis Osnabrugensis episcopi eine Fälschung? Mit einem Exkurs: Der Rhytmus der Satzschlüsse in der Vita Bennonis von P.v.Winterfeld. Oktav. 1901 2.50
- Die Erhebung Wilhelms v. Baux zum Könige des Arelats. Oktav. 1901 2.--

Schillmann, Fr., Der Anteil König Friedrich Wilhelms IV. an der Berufung der Brüder Grimm nach Berlin. 9 S. Oktav. 1914 1.--

Schnabel, P., Der verlorene Speirer Codex des Itinerarium Antonini, der Notitia dignitatum und anderer Schriften. Oktav. 1926 1.--

Schuchhardt, C., Das Römerkastell bei Haltern an der Lippe. Oktav. 1900 1.--

Stampe, E., Das deutsche Schuldentilgungsgesetz des 17. Jahrhunderts. Oktav. 1925 1.--

Stern, A., Ueber zeitgenössische gedruckte Quellen und Darstellungen der Geschichte des grossen deutschen Bauernkrieges. Oktav. 1929 1.--

Sthamer, E., Studien über die sizilischen Register Friedrichs II. Oktav. 1920 2.--

- Ueberlieferung der Gesetze Karls von Anjou. Oktav. 1922 1.--
- Die verlorenen Register Karls I.: von Anjou. Oktav. 1923 2.--
- Studien über die sizilianischen Register Friedrichs II. 2. Mitteilung. Oktav. 1925 1.--
- Ein Beitrag zur Lehre von den mittelalterlichen Urkunden. Oktav. 1927 2.--
- Original und Register in der sizilischen Verwaltung Karls I. von Anjou. Oktav. 1929 5.50

Stieda, W., Ueber die Quellen der Handelsstatistik im Mittelalter. Quart. 1903 2.50

- Johann Bernoulli in seinen Beziehungen zum preussischen Herrscherhause und zur Akademie der Wissenschaften. Quart. 1926 7.--

Strahl, H., und E. Ballmann, Embryonalhüllen und Plazenta von Putorius furo. 69 S. Quart. 1915 8.--

Stutz, U., Reims und Mainz in der Königswahl des 10. und zu Beginn des 11. Jahrhunderts. Oktav. 1921 2.--

- Kurfürst Johann Siegismund von Brandenburg und das Reformationsrecht. Oktav. 1922 2.50
- Die päpstliche Diplomatie unter Leo XIII. Quart. 1926 16.--

Ueber das Verfahren bei der Nomination auf Bischofsstühle. Oktav. 1928 2.--

Sybel, H.v., Gedächtnisrede auf Leopold v.Ranke. Quart. 1886 1.--

Tangl, M., Die Deliberatio Innozenz' III. Oktav. 1919 2.--

- Bonifatiusfragen. Quart. 1919 4.--

Trendelenburg, A., Die Kgl. Preuss. Akademie der Wissenschaften unter dem Könige Friedrich Wilhelm IV. Quart. 1861 1.20

- Friedrich der Grosse und sein Grosskanzler Samuel von Cocceji. Beitrag zur Geschichte der ersten Justizreform und des Naturrechts. Quart. 1863 2.40

Waitz, G., Ueber eine alte Genealogie der Welfen. Quart. 1881 -.80

Wattenbach, W., Gedächtnisrede auf Georg Waitz. Quart. 1886 -.60

- Ueber die Inquisition gegen die Waldenser in Pommern und der Mark Brandenburg. Quart. 1886 4.--
- Ueber das Handbuch eines Inquisitors in der Kirchenbibliothek St.Nicolai in Greifswald. Quart. 1889 1.50
- Ueber die Quirinalien des Metellus von Tegernsee. Oktav. 1897 2.50

Weizsäcker, J., Die Urkunden der Approbation König Ruprechts. Quart. 1888 5.--

- Rense als Wahlort. Quart. 1890 3.--

Wilcken, U., Gedächtnisrede auf Otto Hirschfeld. Oktav. 1922 1.--

- Alexander der Grosse und der korinthische Bund. Oktav. 1922 2.--
- Der angebliche Staatsstreich Octavians im Jahre 32 v.Chr. Oktav. 1925 2.--
- Zu der epidaurischen Bundesstele vom Jahre 302 v.Chr. Oktav. 1927 2.--
- Zur Geschichte des Usurpators Achillens. Oktav. 1927 1.--
- Alexanders Zug in die Oase Siwa. Oktav. 1928 2.--
- Philipp II. von Makedonien und die panhellenische Idee. Oktav. 1929 2.--
- Ueber eine Inschrift aus dem Asklepieion von Epidauros. Oktav. 1922 2.--

10. Vorgeschichte, Archäologie, Kunst

Berchem, M. van, Die muslimischen Inschriften von Pergamon. Mit 12 Tafeln. 23 S. Quart. 1912 — 7.--

Bohn, R., Der Tempel der Athena Polias zu Pergamon. Mit 3 Tafeln. Quart. 1881 — 2.--

- Der Tempel des Dionysos zu Pergamon. Mit 1 Tafel. Quart. 1885 — 1.50

Borchardt, L., Bericht über die Korrosion des Sandsteinmaterials der Tempelbauten auf Philae. Oktav. 1898 — 1.--

- Bericht über einen Einsturz im Amonstempel von Karnak am 3.Oktober 1899. Oktav. 1900 — 1.--

Conze, A., Die Kleinfunde aus Pergamon. Mit 5 Tafeln. Quart. 1903 — 3.50

Curtius, E., Philadelpheia. Nachtrag zu den Beiträgen zur Geschichte und Topographie Kleinasiens. Mit 1 Karte. Quart. 1873 — -.75

- Die Plastik der Hellenen an Quellen und Brunnen. Mit 9 Holzschnitten. Quart. 1876 — 2.--
- Zwei Giebelgruppen aus Tanagra. Mit 5 Tafeln. Quart. 1878 — 4.50
- Das archaische Bronzerelief aus Olympia. Mit 3 Tafeln und 7 Holzschnitten. Quart. 1880 — 2.50
- Die Altäre von Olympia. Mit 2 Tafeln. Quart. 1882 — 2.20
- Die Tempelgiebel von Olympia. Mit 2 Tafeln. Quart. 1891 — 2.--

Dörpfeld, W., Das südliche Stadttor von Pergamon. Mit 3 Tafeln. Quart. 1901 — 2.50

Dressel, H., Das Tempelbild der Athena Polias auf den Münzen von Priene. Oktav. 1905 — 1.--

- Fünf Goldmedaillons aus dem Funde von Abukir. Mit 4 Tafeln. Quart. 1906 — 5.50
- Das Iseum Campense auf einer Münze des Vespasianus. Mit 1 Tafel. Oktav. 1909 — 1.--

Friedländer, J., Ueber einige römische Medaillons. Mit 1 Tafel. Quart. 1873 — 1.--

Fritze, H.v., Die Münzen von Pergamon. Quart. 1910 — 9.--

Gelzer, H., Pergamon unter Byzantinern und Osmanen. Quart. 1903 — 4.--

Gerhard, E., Ueber die Hermenbilder auf griechischen Vasen. Nebst 5 Kupfertafeln. Quart. 1856 — 3.--

- Ueber die Hesiodische Theogonie. Quart. 1856 — 2.20
- Ueber die Anthesterien und das Verhältnis des attischen Dionysos zum Koradienst. Mit 4 Kupfertafeln. Quart. 1859 — 4.--
- Ueber die Metallspiegel der Etrusker. 2.Teil. Mit 4 Kupfertafeln. Quart. 1860 — 4.--
- Ueber Orpheus und die Orphiker. Quart. 1861 — 2.80
- Die Geburt der Kabiren auf einem etruskischen Spiegel. Mit 2 Tafeln. Quart. 1862 — 1.50

- Ueber den Bilderkreis der Eleusis. 1.Abhandlung. Mit 2 Kupfertafeln. Quart. 1863 2.20
- - 2. Abhandlung. Quart. 1864 2.40
- - 3. Abhandlung. Mit 3 Kupfertafeln. Quart. 1865 3.--

Graeber, Fr., Die Wasserleitungen von Pergamon. Vorläufiger Bericht. Mit einem Beitrage von C.Schuchhardt. Mit 2 Tafeln. Quart. 1888 2.--

- Vorläufiger Bericht über Untersuchung der Pergamenischen Wasserleitungen. Oktav. 1906 1.--

Grünwedel, A., und G. Huth, Altertümer aus der Malakand- und Swat-Gegend. Oktav. 1901 2.--

Herzfeld, E., Die Aufnahme des sasanidischen Denkmals von Paikuli. Mit 3 Tafeln. 29 S. Quart. 1914 3.--

Herzog, R., Das Heiligtum des Apollo in Halasarna. Mit 1 Tafel. Oktav. 1901 2.--

Hirschfeld, G., Ueber Kelainai-Apameia Kibotos. Mit 1 Tafel. Quart. 1875 1.--

- Paphlagonische Felsengräber. Ein Beitrag zur Kunstgeschichte Kleinasiens. Mit 7 Tafeln. Quart. 1885 6.--
- Die Felsenreliefs in Kleinasien und das Volk der Hittiter. Zweiter Beitrag zur Kunstgeschichte Kleinasiens. Mit 2 Tafeln und 15 Abbildungen. Quart. 1887 4.50

Hülsen, Christian, Ein Skizzenbuch des Giannantonio Dosio in der Kgl. Bibliothek zu Berlin. 24 S. Oktav. 1916 2.--

Kabbadias, P., Die Tholos von Epidauros. Mit 3 Tafeln. Oktav. 1909 1.--

Kekule von Stradonitz, R., Ueber das Bruchstück einer Porträtsstatuette Alexanders des Grossen. Oktav. 1899 1.--

- Vorläufiger Bericht über die von den Kgl. Museen begonnenen Ausgrabungen in Milet. Oktav. 1900 1.--
- Ueber das Relief mit der Inschrift C.J.L. VI, 426. Oktav. 1901 1.--
- Ueber das Bruchstück einer altattischen Grabstele. Oktav. 1902 1.--
- Ueber den Apoll des Kanachos. Oktav. 1904 1.--
- Die Bildnisse des Sokrates. Quart. 1908 4.--
- Die Geburt der Helena aus dem Ei. Mit 4 Tafeln. Oktav. 1908 1.--
- Ueber den Bronzekopf eines Siegers in Olympia. Mit 1 Tafel. Oktav. 1909 1.--
- Strategenköpfe. Quart. 1910 4.--

Kirchhoff, A., Ueber ein altattisches Grabdenkmal. Mit einem Nachtrage von E. Curtius. Mit 2 Tafeln. Quart. 1874 1.--

Kolbe, W., Bericht über eine Reise in Messenien. Oktav. 1905 1.--

Krüger, E., und D. Krencker, Vorbericht über die Ergebnisse der Ausgrabung des sogenannten römischen Kaiserpalastes in Trier. Mit 6 Tafeln. 82 S. Quart. 1915 6.50

Le Coq, A.v., Türkische Manishaica aus Chotscho III. Quart. 1922 7.--

Lepsius, R., Ueber eine hieroglyphische Inschrift am Tempel von Edfu (Apollinopolis Magna), in welcher der Besitz dieses Tempels an Ländereien unter der Regierung Ptolemäus XI. Alexander I. verzeichnet ist. Quart. 1855 3.60

- Ueber die Götter der vier Elemente bei den Aegyptern. Mit 5 lithographierten Tafeln. Quart. 1856 — 3.40

- Grundplan des Grabes König Ramses IV. in einem Turiner Papyrus. Mit 1 Tafel. Quart. 1867 — 2.--

Lidzbarski, M., Phönizische und aramäische Krugaufschriften aus Elephantine. Mit 6 Tafeln. 20 S. Quart. 1912 — 3.--

Lietzmann, H., Die Landmauer von Konstantinopel. Quart. 1929 — 11.50

Littmann, E., und D. Krencker, Vorbericht der Deutschen Aksum-Expedition. Mit 4 Tafeln. Quart. 1906 — 3.50

Moritz, B., Zur antiken Topographie der Palnyrene. Mit 2 Tafeln. Quart. 1889 — 4.--

Olfers, J. F. M. v., Ueber die lydischen Königsgräber bei Sardes und den Grabhügel des Alyattes nach dem Bericht des K. Generalkonsuls Spiegelthal zu Smyrna. Mit 5 Tafeln. Quart. 1859 — 2.40

Panofka, Th., Dichterstellen und Bildwerke in ihren wechselseitigen Beziehungen. Mit 21 Bildwerken auf 4 Erläuterungstafeln. Quart. 1856 — 3.--

- Ueber merkwürdige Marmorwerke des Kgl. Museums zu Berlin. Mit 6 Kupfertafeln. Quart. 1857 — 3.40

Pinder, M., Ueber die Cistophoren und über die kaiserlichen Silbermedaillen der römischen Provinz Asia. Mit 8 Kupfertafeln. Quart. 1856 — 6.40

Pridik, E., Die Astynomennamen auf Amphoren- und Ziegelstempeln aus Südrussland. Oktav. 1928 — 2.50

Rehm, A., Weiteres zu den milesischen Parapegmen. Oktav. 1904 — 1.--

Sachs, C., Entzifferung einer babylonischen Notenschrift. Vorbericht. 1924. Oktav. — 1.--

Schede, M., Zweiter vorläufiger Bericht über die von den Berliner staatlichen Museen unternommenen Ausgrabungen auf Samos. Quart. 1929 — 13.--

Schrader, E., Die Namen der Meere in den assyrischen Inschriften. Quart. 1877 — 1.20

- Zur Kritik der Inschriften Tiglath-Pilesers II., des Asarhaddon und des Asurbanipal. Mit 3 Textbeilagen und 1 Tafel. Quart. 1880 — 3.--

- Die Sargonsstele des Berliner Museums. Mit 2 Tafeln. Quart. 1882 — 3.--

- Die Keilinschriften am Eingange der Quellengrotte des Sebeneh-Su. Mit 1 Tafel. Quart. 1885 — 3.--

Schrader, H., Die Opferstätte des pergamenischen Altars. Oktav. 1899 — 1.--

Schroeder, Otto, Das Pantheon der Stadt Uruk in der Seleukidenzeit auf Grund von Götterlisten und theophoren Personennamen in Kontrakten dieser Zeit. 17 S. Oktav. 1916 — 2.--

Schuchhardt, C., Das Römerkastell bei Haltern an der Lippe. Oktav. 1900 — 1.--

- Westeuropa als alter Kulturkreis. 32 S. Oktav. 1913 — 2.--

- Der starke Wall und die breite, zuweilen erhöhte Berme bei frühgeschichtlichen Burgen in Norddeutschland. 12 S. Oktav. 1916 — 1.--

- Der altmittelländische Palast. 26 S. Oktav 1914 — 2.--

- Stiehl, O. und W. Pretzsch, Ausgrabungen auf dem Burgwall von Garz (Rügen). Oktav. 1928 — 2.50

- Die sogenannten Trajanswälle in der Dobrudscha. Quart. 1918 — 4.--

Schweinfurth, G., Alte Baureste und hieroglyphische Inschriften im Uadi Gasûs. Mit Bemerkungen von Prof. A. Erman. Mit 2 Tafeln. Quart. 1885 — 2.80

Seler, E., Das Manuscrit Mexicain Nr.22 der Bibliotheque Nationale de Paris. 22 S. Oktav. 1914 — 2.--

- Beobachtungen und Studien in den Ruinen von Palenque. Mit 1 Karte und 19 Tafeln. 128 S. Quart. 1915 — 11.--

- Die Quetzalcouatl-Fassaden yukatekischer Bauten. Mit 12 Tafeln. 85 S. Quart. 1916 — 9.50

- Die Ruinen von Uxmal. Mit 1 Plan und 36 Tafeln. Quart. 1917 — 19.--

Virchow, R., Alttrojanische Gräber und Schädel. Mit 13 Tafeln. Quart. 1882 — 12.20

- Ueber die kulturgeschichtliche Stellung des Kaukasus mit besonderer Berücksichtigung der ornamentierten Bronzegürtel aus transkaukasischen Gräbern. Mit 4 Tafeln. Quart. 1895 — 6.50

- Ueber die ethnologische Stellung der prähistorischen und protohistorischen Aegypter nebst Bemerkungen über Entfärbung und Verfärbung der Haare. Mit 2 Tafeln. Quart. 1898 — 3.--

- Ein Flachbeil aus Jadeit von der Beeker Haide am Niederrhein. Oktav. 1899 — 1.--

Wiegand, Th., Vierter vorläufiger Bericht über die von den Kgl. Museen begonnenen Ausgrabungen in Milet. Oktav. 1905 — 1.--

- Sechster vorläufiger Bericht über die von den Kgl. Museen in Milet und Didyma unternommenen Ausgrabungen. Mit 6 Tafeln. Quart. 1908 — 5.50

- Siebenter vorläufiger Bericht über die von den Kgl. Museen in Milet und Didyma unternommenen Ausgrabungen. Mit 13 Tafeln und 16 Textbildern. 71 S. Quart. 1911 — 9.--

- Achter vorläufiger Bericht über die von den Staatlichen Museen in Milet und Didyma unternommenen Ausgrabungen. Quart. 1924 — 10.50

- Zur Geschichte der Ausgrabungen in Olympia. Oktav. 1926 — 1.--

- Bericht über die Ausgrabungen in Pergamon. 1927. Quart. 1928 — 11.--

- Untergang und Wiedererstehen antiker Kulturdenkmäler. Oktav. 1928 — 1.--

- Gymnasien, Thermen und Palaestren in Milet. Oktav. 1928 — 1.--

Wilamowitz-Moellendorff, U.v., Die griechische Heldensage II. Oktav. 1925 — 2.--

11. Rechts- und Staatswissenschaften

Bekker, E.I., Ueber die natürliche Beschaffenheit der Objekte unserer dinglichen Rechte. Oktav. 1898 — 2.--

Conrat, M., Arbor iuris des früheren Mittelalters mit eigenartiger Komputation. Quart. 1909 — 2.--

Dieterici, C.F.W., Ueber die Anzahl der Geburten in den verschiedenen Staaten Europas überhaupt und im preussischen Staate insbesondere. Quart. 1855 — 2.--

- Ueber die Fortschritte der Industrie und die Vermehrung des Wohlstandes unter den Völkern in besonderer Beziehung auf die ethischen Verhältnisse und die geistige Entwicklung der Menschen. Quart. 1856 — 1.--
- Ueber das Verhältnis der neu geschlossenen Ehen zu der Anzahl der gleichzeitig Lebenden. Quart. 1857 — 2.40
- Ueber die Zunahme der Bevölkerung im preussischen Staat in Bezug auf Verteilung derselben nach Stadt und Land. Quart. 1857 — 2.20
- Ueber den Begriff der mittleren Lebensdauer und deren Berechnung für den preussischen Staat. Quart. 1859 — 2.40

Dirksen, H.E., Ueber die Verdienstlichkeit methodischer Sprachforschung in Beziehung auf die Texteskritik und Auslegung römischer Rechtsquellen. Quart. 1855 — -.80

- Der Rechtsgelehrte und Taktiker Paternus, ein Zeitgenosse der Antonine. Quart. 1856 — 1.--
- Ein Beitrag zur Auslegung der epigraphischen Urkunde einer Städteordnung für die latinische Bürgergemeinde zu Salpensa. Quart. 1857 — 1.--
- Die römisch-rechtlichen Quellen des Magister Dositheus. Quart. 1857 — 1.--
- Die Quellen der römischrechtlichen Theorie von der Auslösung der in fremde Gefangenschaft geratenen Personen. Quart. 1858 — 1.--
- Der Rechtsgelehrte Aulus Cascellius, ein Zeitgenosse Ciceros. Quart. 1859 — -.80
- Die römisch-rechtlichen Mitteilungen in des Tacitus Geschichtsbüchern. Quart. 1860 — -.80

Hanssen, G., Die Gehöferschaften (Erbgenossenschaften) im Regierungsbezirk Trier. Quart. 1863 — -.80

Heymann, Ernst, Die zeitliche Begrenzung des Urheberrechts. Oktav. 1927 — 5.--

- Das Fridericianische Handelsrecht. Oktav. 1929 — 2.--

Hintze, O., Gedächtnisrede auf Gustav von Schmoller. Quart. 1918 — -.50

Krüger, P., Codicis Theodosiani Fragmenta Taurinensia. Quart. 1880 — 5.--

Lenel, O., Zwei neue Bruchstücke aus Ulpians Disputationen. Mit 2 Tafeln. Oktav. 1903 — 1.--

- - Nachtrag. Oktav. 1903 — 1.--

- Neue Ulpianfragmente. Mit 2 Tafeln. Oktav. 1904	2.--
Lohmann, F., Die amtliche Handelsstatistik Englands und Frankreichs im 18. Jahrhundert. Oktav. 1898	2.50
Perels, K., Die Datierung des preussischen Privilegium generale de non appellando illimitatum. Oktav. 1907	1.--
Rudorff, A.F., Ad legem Aciliam de pecuniis repetundis latam anno ab urbe condita 631° vel 632°. Quart. 1862	4.20
- Gedächtnisrede auf Friedrich Carl von Savigny. Quart. 1862	1.--
- Ueber die lexikalen Exzerpte aus den Institutionen des Gajus. Quart. 1866	1.60
- Ueber die Glossare des Philoxenus und Cyrillus. Mit 1 Tafel. Quart. 1866	2.20
- Ueber den liber de officio proconsulis. Quart. 1866	2.80
- Ueber die Laudation der Murdia. Quart. 1869	2.--
- Ueber den Ursprung und die Bestimmung der Lex Dei oder Mosaicarum et Romanarum legum collatio. Quart. 1869	1.40
Schäfer, D., Consilio vel judicio - mit minne oder mit rechte. 15 S. Oktav. 1913	1.--
Seckel, E., Gedächtnisrede auf Heinrich Brunner. 9 S. Oktav. 1916	1.--
- Die karthagische Inschrift C I L VIII 25045 - ein kirchenrechtliches Denkmal des Montanismus? Oktav. 1921	2.--
Stampe, E., Das deutsche Schuldentilgungsrecht des 17. Jahrhunderts. Oktav. 1925	1.--
- War Carolus Molinaeus Nominalist? Oktav. 1926	2.--
- Das Zahlkraftrecht der Postglossatorenzeit. Quart. 1928	17.50
Stieda, W., Ueber die Quellen der Handelsstatistik im Mittelalter. Quart. 1903	2.50
Thurneysen, R., Coic Conara Fugill. Die fünf Wege zum Urteil. Quart. 1926	12.50
- Die Bürgschaft im irischen Recht. Quart. 1928	17.--
Trendelenburg, A., Friedrich der Grosse und sein Grosskanzler Samuel von Cocceji. Beitrag zur Geschichte der ersten Justizreform und des Naturrechts. Quart. 1863	2.40

12. Mathematik

Berichte J. Th. Jablonskis an G.W. Leibniz (1700-15). Herausgegeben von A. Harnack. Quart. 1897 — 6.--

Bernstein, F., Integralgleichungen der ellipt.Thetanullfunktion. Oktav. 1920 — 1.--

Bieberbach, L., Ueber einen Satz des Herrn C. Jordan in der Theorie der endlichen Gruppen linearer Substitutionen. 10 S. Oktav. 1911 — 1.--

- Ueber die Koeffizienten derjenigen Potenzreihen, welche eine schlichte Abbildung des Einheitskreises vermitteln. 16 S. Oktav. 1916 — 1.--
- Ueber die konforme Kreisabbildung nahezu kreisförmiger Bereiche. Oktav. 1924 — 1.--
- Ueber die Entwicklung der nichteuklidischen Geometrie im 19. Jahrhundert. Oktav. 1925 — 2.--
- Ueber Tchebychefsche Netze auf Flächen negativer Krümmung, sowie auf einigen weiteren Flächenarten. Oktav. 1926 — 2.--
- und J. Schur, Ueber die Minkowskische Reduktionstheorie der positiven quadratischen Formen. Oktav. 1928 — 2.--

Birkhoff, G.D., Divergente Reihen und singuläre Punkte gewöhnlicher Differentialgleichungen. Oktav. 1928 — 1.--

Bopp, K., Leonhard Eulers und Johann Hinrich Lamberts Briefwechsel. Quart. 1924 — 4.--

Borchardt, C.W., Ueber eine Interpolationsformel für eine Art symmetrischer Funktionen und über deren Anwendung. Quart. 1860 — -.80

- Ueber die Aufgabe des Maximum, welche der Bestimmung des Tetraeders von grösstem Volumen bei gegebenem flachen Inhalt der Seitenflächen für mehr als drei Dimensionen entspricht. Quart. 1867 — 1.20
- Zur Theorie der Elimination und Kettenbruchentwicklung. Quart. 1878 — 1.20
- Theorie des arithmetisch-geometrischen Mittels aus vier Elementen. Quart. 1879 — 3.--

Brauer, A., Ueber Sequenzen von Potenzresten. Oktav. 1928 — 1.--

Brauer, R., Ueber Zusammenhänge zwischen arithmetischen und invariantentheoretischen Eigenschaften von Gruppen linearer Substitutionen. Oktav. 1926 — 1.--

- und E. Noether, Ueber minimale zerfällungskörper irreduzibler Darstellungen.
  H. Hasse, Existenz algebraischer Zahlkörper. Oktav. 1927 — 1.--

Caratheodory, C., Ueber den Wiederkehrsatz von Poincare. Oktav. 1919 — 1.--

- Ueber eine Verallgemeinerung der Picardschen Sätze. Oktav. 1920 — 1.--
- Ueber die Fourierschen Koeffizienten monotoner Funktionen. Oktav. 1920 — 1.--

- Zur Axiomatik der speziellen Relativitätstheorie. Oktav. 1924 — 1.--
- Ueber die Winkelderivierten von beschränkten analytischen Funktionen. Oktav. 1929 — 1.--
- und E. Landau, Beiträge zur Konvergenz von Funktionenfolgen. Oktav. 1911 — 2.--

Dirksen, E.H., Ueber die Methoden, den Wert eines bestimmten Integrals näherungsweise zu bestimmen. Quart. 1832 — 2.--
- Ueber die Anwendung der Analysis auf die Rektifikation der Kurven, die Quadraten der Flächen und die Kubatur der Körper. Quart. 1835 — 2.--
- Ueber die Darstellbarkeit der Wurzeln einer allgemeinen algebraischen Gleichung mittels explizierter algebraischer Ausdrücke von den Koeffizienten. Ein Versuch, die Unmöglichkeit einer allgemeinen Auflösung der algebraischen Gleichungen zu beweisen. Quart. 1836 — 2.--

Fraenkel, A., Der Begriff "definit" und die Unabhängigkeit des Auswahlaxioms. Oktav. 1922 — 1.--

Frobenius, G., Gedächtnisrede auf Leopold Kronecker. Quart. 1893 — 1.50
- Ueber die Darstellung der endlichen Gruppen durch lineare Substitutionen. Oktav. 1897 — 2.--
- - II. Oktav. 1899 — 2.--
- Ueber Relationen zwischen den Charakteren einer Gruppe und denen ihrer Untergruppen..Oktav. 1898 — 1.--
- Ueber die Komposition der Charaktere einer Gruppe. Oktav. 1899 — 1.--
- Ueber die Charaktere der symmetrischen Gruppen. Oktav. 1900 — 2.--
- Ueber auflösbare Gruppen. III. Oktav. 1901 — 1.--
- - IV. V. Oktav. 1901 — 2.--
- Ueber die Charaktere der alternierenden Gruppe. Oktav. 1901 — 1.--
- Ueber die Gruppen des Grades p oder p + 1. Ueber primitive Gruppen des Grades n und der Klasse n-1. Oktav. 1902 — 2.--
- Ueber die charakteristischen Einheiten der symmetrischen Gruppe. Oktav. 1903 — 2.--
- Ueber die Primfaktoren der Gruppendeterminante. II. Theorie der hyperkomplexen Grössen. Oktav. 1903 — 2.50
- Ueber einen Fundamentalsatz der Gruppentheorie. Oktav. 1903 — 1.--
- - II. Oktav. 1907 — 1.--
- Theorie der hyperkomplexen Grössen. II. Oktav. 1903 — 1.--
- Ueber die Charaktere der mehrfach transitiven Gruppen. Mit 1 Tabelle. Oktav. 1904 — 1.--
- Ueber das Trägheitsgesetz der quadratischen Formen. II. Oktav. 1906 — 1.--
- Ueber Matrizen aus positiven Elementen. Oktav. 1908 — 1.--
- Ueber die Bernoullischen Zahlen und die Euler'schen Polynoma. Oktav. 1910 — 2.50

- Ueber die unzerlegbaren diskreten Bewegungsgruppen. Gruppentheoretische Ableitung der 32 Kristallklassen. 23 S. Oktav. 1911 — 2.--
- Ueber den von L.Bieberbach gefundenen Beweis eines Satzes von C. Jordan. 8 S. Oktav. 1911 — 1.--
- Ueber unitäre Matrizen. 6 S. Oktav. 1911 — 1.--
- Ueber den Rang einer Matrix. 12 S. Oktav. 1911 — 1.--
- Ueber Matrizen aus nicht negativen Elementen. 22 S. Oktav. 1912 — 2.--
- Ueber quadratische Formen, die viele Primzahlen darstellen. Unter Benutzung einer Mitteilung des Herrn Dr. R. Remak. 15 S. Oktav. 1912 — 1.--
- Ueber den Stridsbergschen Beweis des Waringschen Satzes. 5 S. Oktav. 1912 — 1.--
- Ableitung eines Satzes von Caratheodory aus einer Formel von Kronecker. Oktav. 1912 — 2.--
- Ueber die Reduktion der indefiniten binären quadratischen Formen. 10 S. Oktav. 1913 — 1.--
- Ueber die Markoffschen Zahlen. 30 S. Oktav. 1913 — 2.--

Ueber den Fermatschen Satz. III. 29 S. Oktav. 1914 — 2.--

- Ueber das quadratische Reziprozizäzsgesetz. I. II. 20 S. Oktav. 1914 — 2.--
- Ueber den gemischten Flächeninhalt zweier Ovale. 18 S. Oktav. 1915 — 2.--
- Ueber die Kompositionsreihe einer Gruppe. 6 S. Oktav. 1916 — 1.--
- und J. Schur, Ueber die reellen Darstellungen der endlichen Gruppen. - Ueber die Aequivalenz der Gruppen linearer Substitutionen. Oktav. 1906 — 2.--

Fuchs, L., Zur Theorie der Abelschen Funktionen I. Oktav. 1897 — 1.--

- - II. Oktav. 1898 — 1.--
- Zur Theorie der simultanen, linearen partiellen Differentialgleichungen. Oktav. 1898 — 1.--
- Bemerkungen zur Theorie der assoziierten Differentialgleichungen. Oktav. 1899 — 1.--
- Ueber eine besondere Gattung von rationalen Kurven mit imaginären Doppelpunkten. Oktav. 1900 — 1.--
- Zur Theorie der linearen Differentialgleichungen. Oktav. 1901 — 1.--
- Ueber Grenzen, innerhalb deren gewissen Integrale vorgeschriebene Vorzeichen behalten. Oktav. 1902 — 1.--

Geiser, C.F., Zur Erzeugung von Minimalflächen durch Scharen von Kurven vorgeschriebener Art. Oktav. 1904 — 1.--

Gerhardt, C.J., Ueber die vier Briefe von Leibniz, die Samuel König in dem Apell au public, Leide 1753, veröffentlicht hat. Oktav. 1898 — 1.--

Graeven, Hans, Leibnizens Bildnisse. Vervollständigt und herausgegeben von Carl Schuchhardt. Mit 24 Tafeln. 79 S. Quart. 1916 — 10.50

Hamburger, H., Ein Satz über Kurvennetze auf geschlossenen Flächen. Oktav. 1922 — 1.--

Hamburger, M., Ueber die singulären Lösungen der algebraischen Differentialgleichungen höherer Ordnung. Oktav. 1899 1.--

Hammerstein, A., Ueber die Entwickelung eines logarithmisch unstetigen Kerns nach seinen Eigenfunktionen. Oktav. 1925 2.--

Hoheisel, G., Ueber das Verhalten des reziproken Wertes der Riemannschen Zeta-Funktionen. Oktav. 1929 1.--

Hopf, E., Elementare Bemerkungen über die Lösungen partieller Differentialgleichungen zweiter Ordnung vom elliptischen Typus. Oktav. 1927 1.--

- Ueber lineare Integralgleichungen mit positivem Kern. Oktav. 1928 1.--

Jacobi, C.G.J., Canon arithmeticus sive tabulae quibus exhibentur pro singulis numeris primis vel primorum potestatibus infra 1000 numeri ad datos indices et indices ad datos numeros pertinentes. Quart. 1839 12.--

Jung, H., Ueber die Perioden der reduzierten Integrale erster Gattung. Oktav. 1904 1.--

- Die allgemeinen Thetafunktionen von 4 Veränderlichen. Oktav. 1905 2.--

Kabitz, W., Ueber eine in Gotha aufgefundene Abschrift des von S. König in seinem Streite mit Maupertius und der Akademie veröffentlichten, seinerzeit für unecht erklärten Leibnizbriefes. 7 S. Oktav. 1913 1.--

Kamke, E., Verallgemeinerungen des Jordanschen Kurvensatzes und stetige Winkelfunktionen. Oktav. 1928 2.--

Kneser, A., Neue Theorie der konjugierten Punkte bei gewissen Klassen von Aufgaben der Variationsrechnung. Oktav. 1926 2.--

Koebe, P., Riemannsche Mannigfaltigkeiten und nichteuklidische Raumformen. Oktav. 1928. II. Mitteilung 2.50

- dto. dto. III. Mitteilung. Oktav. 1928 3.50

Königsberger, L., Ueber verborgene Bewegung und unvollständige Probleme. Oktav. 1897 2.--

- Ueber die Darstellung der Kraft in der analytischen Mechanik. Oktav. 1897 1.--
- Ueber die erweiterte Laplacesche Differentialgleichung für die allgemeine Potentialfunktion. Oktav. 1898 1.--
- Ueber die erweiterte Laplace-Poissonsche Potentialgleichung. Oktav. 1898 1.--
- Ueber das erweiterte Prinzip der Erhaltung der Flächen und dessen Anwendung auf kinetische Potentiale erster Ordnung. Oktav. 1898 1.--
- Ueber die Erniedrigung der Anzahl der unabhängigen Parameter Lagrangescher Bewegungsgleichungen durch Erhöhung der Ordnung des kinetischen Potentials. Oktav. 1898 1.--
- Ueber die Entwicklungsform algebraischer Funktionen und die Irreduktibilität algebraischer Gleichungen. Oktav. 1898 1.--
- Ueber die Irreduktibilität algebraischer Funktionalgleichungen und linearer Differentialgleichungen. Oktav. 1899 1.--
- Ueber die Irreduktibilität algebraischer Differentialgleichungen. Oktav. 1899 2.--

- Ueber das erweiterte Newtonsche Potential. Oktav. 1900 — 1.--
- Ueber die erweiterte Poissonsche Unstetigkeitsgleichung. Oktav. 1901 — 1.--
- Die Prinzipien der Mechanik für mehrere unabhängige Variable. Oktav. 1901 — 2.--
- Das Energieprinzip für kinetische Potentiale beliebiger Ordnung und einer beliebigen Anzahl abhängiger und unabhängiger Variabeln. Oktav. 1904 — 2.50
- Ueber die aus der Variation der mehrfachen Integrale entspringenden partiellen Differentialgleichungen der allgemeinen Mechanik. Oktav. 1905 — 2.--
- Ueber die Differentialgleichungen der mathematischen Physik. Oktav. 1905 — 1.--
- Ueber die Grundlagen der Mechanik. Oktav. 1906 — 1.--
- Der Greensche Satz für erweiterte Potentiale. Oktav. 1907 — 1.--
- Ueber die Beziehungen allgemeiner linearer Differentialgleichungen zu den binomischen. Oktav. 1909 — 2.--

Korn, A., Ueber Minimalflächen, deren Randkurven wenig von ebenen Kurven abweichen. Quart. 1909 — 2.--

Krause, M., Ueber eine Klasse von Differentialgleichungen zweiter Ordnung, welche durch elliptische Funktionen integrierbar sind. Oktav. 1900 — 1.--

Kronecker, L., Ueber bilineare Formen mit vier Variabeln. Quart. 1884 — 2.50

Kummer, E.E., Einige Sätze über die aus den Wurzeln der Gleichung $\alpha^\lambda = 1$ gebildeten komplexen Zahlen, für den Fall, dass die Klassenanzahl durch λ teilbar ist, nebst Anwendung derselben auf einen weiteren Beweis des letzten Fermatschen Lehrsatzes. Quart. 1857 — 1.20

- Theorie der idealen Primfaktoren der komplexen Zahlen welche aus den Wurzeln der Gleichung $\omega^n = 1$ gebildet sind, wenn n eine zusammengesetzte Zahl ist. Quart. 1857 — 1.60
- Ueber die allgemeinen Reziprozitätsgesetze unter den Resten und Nichtresten der Potenzen, deren Grad eine Primzahl ist. Quart. 1859 — 4.--
- Gedächtnisrede auf Gustav Peter Lejeune-Dirichlet. Quart. 1860 — 1.20
- Zwei neue Beweise der allgemeinen Reziprozitätsgesetze unter den Resten und Nichtresten der Potenzen, deren Grad eine Primzahl ist. Quart. 1862 — 1.40
- Neue Versuche zur Bestimmung des Angriffspunktes der Resultante des Luftwiderstandes gegen rechteckige schiefe Ebenen. Zusatz zu der vorstehenden Abhandlung. Quart. 1876 — -.60

Landau, E., Bemerkungen zu einer Arbeit des Herrn Hoheisel über die Zetafunktionen. Oktav. 1929 — 1.--

- Ueber die Verallgemeinerung des Picardschen Satzes. Oktav. 1904 — 1.--
- Ueber das Nichtverschwinden einer Dirichletschen Reihe. 1906 — 1.--
- Neuer Beweis der Riemannschen Primzahlformel. Oktav. 1908 — 1.--

- Zwei neue Herleitungen für die asymptotische Anzahl der Primzahlen unter einer gegebenen Grenze. Oktav. 1908 — 2.--
- Ueber die Nullstellen Dirichletscher Reihen. Oktav. 1913 — 1.--
- Zur analytischen Zahlentheorie der definiten quadratischen Formen. (Ueber die Gitterpunkte in einem mehrdimensionalen Ellipsoid.) Oktav. 1915 — 2.--
- Der Picard-Schottkysche Satz und die Blochsche Konstante. Oktav. 1926
- dto. dto. 2. Abhandlung. Oktav. 1928 — 1.--

Landsberg, G., Zur Theorie der algebraischen Funktionen zweier Veränderlicher. Oktav. 1900 — 1.--

Leibnizens und Huygens' Briefwechsel mit Papin, nebst der Biographie Papins und einigen zugehörigen Briefen und Aktenstücken. Herausg. von E. Gerland. Oktav. 1881 — 13.50

Leiss, C., Ueber eine Methode zur objektiven Darstellung und Photographie der Schnittkurven der Indexflächen. Oktav. 1899 — 1.--

Lichtenstein, L., Beweis des Satzes, dass jedes hinreichend kleine, im wesentlichen stetig gekrümmte, singularitätenfreie Flächenstück auf einen Teil einer Ebene zusammenhängend und in den kleinsten Teilen ähnlich abgebildet werden kann. 49 S. Quart. 1912 — 2.50

Lipschitz, R., Beitrag zu der Theorie des Hauptaxenproblems. Quart. 1873 — 1.50
- Bemerkungen über die Differentiale von symbolischen Ausdrücken. Oktav. 1899 — 1.--

Mahnke, D., Neue Einblicke in die Entdeckungsgeschichte der höheren Analysis. Quart. 1926 — 11.--

Mangold, H.v., Beweis der Gleichung $\sum_{K=1}^{\infty} \frac{\mu(K)}{K} = 0$. Oktav. 1897 — 2.--

Marx, A., Zwei Sätze über schlichte Funktionen. Oktav. 1929 — 1.--

Meissel, E., Tafel der Besselschen Funktionen I_k^0 und I_k^1 von $k - 0$ bis $k - 15.5$ berechnet. Quart. 1889 — 2.--

Meissner, W., Ueber die Teilbarkeit von $2^{p} - 2$ durch das Quadrat der Primzahl 1093. Oktav. 1913 — 1.--

Mertens, F., Ueber die Gestalt der Wurzeln einer Klasse auflösbarer Gleichungen, deren Grad eine Primzahlpotenz ist. Oktav. 1906 — 1.--
- Ueber die zyklischen Einheitsgleichungen von Primzahlgrad in dem Bereich der Quadratwurzeln aus einer negativen Zahl. Oktav. 1908 — 1.--

Molien, Th., Ueber die Invarianten der linearen Substitutionsgruppen. Oktav. 1898 — 1.--

Neumann, J.v., Zur Theorie der Darstellungen kontinuierlicher Gruppen. Oktav. 1927 — 1.--

Noether, M., Zur Grundlegung der Theorie der algebraischen Raumkurven. Quart. 1883 — 6.--

Ostrowski, A., Ueber eine Eigenschaft gewisser Potenzreihen mit unendlich vielen verschwindenden Koeffizienten. Oktav. 1921 — 1.--
- Einige Bemerkungen über Singularitäten Taylorscher und Dirichletscher Reihen. Oktav. 1923 — 1.--

- Ueber Potenzreihen, die überkonvergente Abschnittfolgen besitzen. Oktav. 1923 1.--
- Ueber den Schottkyschen Satz und die Borelschen Ungleichungen. Oktav. 1925 1.--

Peters, J., Einundzwanzigstellige Werte der Funktionen Sinus und Kosinus zur genauen Berechnung von zwanzigstelligen Werten sämtlicher trigonometrischen Funktionen eines beliebigen Arguments sowie ihrer Logarithmen. Quart. 1911 3.--

Polya, G., Ueber die Existenz unendlich vieler singulärer Punkte auf der Konvergenzgeraden gewisser Dirichlet'scher Reihen. Oktav. 1923 1.--
- Ueber die Funktionalgleichung der Exponentialfunktion im Matrizenkalkül und
Schur, J., Ueber die stetigen Darstellungen der allgemeinen linearen Gruppen. Oktav. 1928 2.--
- Beiträge zur Verallgemeinerung des Verzerrungssatzes auf mehrfach zusammenhängende Gebiete. Oktav. 1928 1.--
- dto. dto. II. Mitteilung. Oktav. 1928 1.--
- dto. dto. III. Mitteilung. Oktav. 1929 1.--

Rademacher, Ueber die Anwendung der Viggo Brunschen Methode. Oktav. 1923 1.--

Reinhardt, K., Ueber die Zerlegung der euklidischen Ebene in kongruente Bereiche. Oktav. 1928 2.--
- Zur Zerlegung der euklidischen Räume in kongruente Polytope. Oktav. 1928 1.--

Reuschle, O.G., Tafeln komplexer Primzahlen, welche aus Wurzeln der Einheit gebildet sind. Auf dem Grunde der Kummerschen Theorie der komplexen Zahlen berechnet. Quart. 1875 24.--

Schlesinger, L., Ueber die Gaußsche Theorie des arithmetisch-geometrischen Mittels und ihre Beziehungen zur Theorie der elliptischen Modulfunktionen. Oktav. 1898 1.--
- Ueber das Riemannsche Problem der Theorie der linearen Differentialgleichungen. Oktav. 1902 1.--

Schmidt, E., Ueber den Jordanschen Kurvensatz. Oktav. 1923 1.--
- Ueber das Extremum der Bogenlänge einer Raumkurve bei vorgeschriebenen Einschränkungen ihrer Krümmung. Oktav. 1925 1.--

Schottky, F., Ueber die Abelschen Funktionen von drei Veränderlichen. I. Mitteilung. Oktav. 1903 1.--
- - II. Mitteilung. Oktav. 1903 1.--
- - III. Mitteilung. Oktav. 1904 1.--
- Ueber die reduzierte Integrale erster Gattung. Oktav. 1904 1.--
- Ueber den Picardschen Satz und die Borelschen Ungleichungen. Oktav. 1904 2.--
- Ueber die Konvergenz einer Reihe, die zur Integration linearer Differentialgleichungen dient. Oktav. 1905 1.--
- Bemerkungen zu meiner Mitteilung: Ueber den Picardschen Satz und die Borelschen Ungleichungen. Oktav. 1906 1.--
- Geometrische Eigenschaften der Thetafunktionen von drei Veränderlichen. Oktav. 1906 2.--

- Ueber zwei Beweise des allgemeinen Picardschen Satzes. Oktav. 1907 2.--
- Ueber die Beziehungen zwischen veränderlichen Grössen, die auf gegebene Gebiete beschränkt sind. Erste Mitteilung. Oktav. 1908 1.--
- - Zweite Mitteilung. Oktav. 1908 1.--
- Zur Theorie der Symmetralfunktionen. Oktav. 1908 1.--
- - Zweite Mitteilung. Oktav. 1908 1.--
- Ueber diejenigen Potentialfunktionen, deren erste Ableitungen durch Gleichungen verbunden sind. Oktav. 1909 1.--
- Die geometrische Theorie der Abelschen Funktionen vom Geschlechte 3. Oktav. 1910 1.--
- Ueber das Eulersche Drehungsproblem. Oktav. 1911 2.--
- Ueber die Gaußsche Theorie der elliptischen Funktionen. Oktav. 1911 2.50
- Ueber die vier Jacobischen Theta. Oktav. 1911 1.--
- Zwei Kurven und zwei Flächen. Oktav. 1914 1.--
- Ueber den geometrischen Begriff der Funktion einer komplexen Veränderlichen. Oktav. 1915 1.--
- Die Produktausdrücke der E-Funktionen. Oktav. 1921 2.--
- Eulersche Punkte. Oktav. 1922 1.--
- Zur Frage: Haben die Klassenfunktionen Differentialgleichungen? Oktav. 1922 1.--
- Ueber die Gleichung U^2 etc. Oktav. 1923 2.--
- Ueber die Harmonie des Thetasystems. I. Mitteilung. Oktav. 1924 1.--
- - II. Mitteilung. Oktav. 1925 2.--
- - III. Mitteilung. Oktav. 1925 1.--
- Ueber die analytische Aufgabe der Bewegung eines starren Körpers im vierdimensionalen Raume. Oktav. 1926 2.--
- und H. Jung, Neue Sätze über Symmetralfunktionen und die Abelschen Funktionen der Riemannschen Theorie. I.Mitteilung. Oktav. 1909 1.--
- - II. Mitteilung. Oktav. 1909 2.--
- - Neue Sätze über Symmetralfunktionen und die Abelschen Funktionen der Riemannschen Theorie. III. Mitteilung (Schluss). Oktav. 1912 1.--

<u>Schur, J.,</u> Ueber einen Satz aus der Theorie der vertauschbaren Matrizen. Oktav. 1902 1.--
- Neuer Beweis des Satzes über endliche Gruppen. Oktav. 1902 1.--
- Ueber eine Klasse von endlichen Gruppen linearer Substitutionen. Oktav. 1905 1.--
- Arithmetische Untersuchungen über endliche Gruppen linearer Substitutionen. Oktav. 1906 2.--
- Ueber die Darstellung der symmetrischen Gruppe durch lineare homogene Substitutionen. Oktav. 1908 1.--
- Ueber Gruppen periodischer linearer Substitutionen. Oktav. 1911 1.--
- Zur Theorie der indefiniten binären quadratischen Formen. Oktav. 1913 2.--

- Ueber einen Satz von C. Caratheodory. - Frobenius, G., Ableitung eines Satzes von Caratheodory aus einer Formel von Kronecker. Oktav. 1912 | 2.--

- Ein Beitrag zur additiven Zahlentheorie und zur Theorie der Kettenbrüche. Oktav. 1917 | 2.--

- Ueber Ringbereiche im Gebiete der ganzzahligen linearen Substitutionen. Oktav. 1922 | 2.--

- Ueber den Zusammenhang zwischen einem Problem der Zahlentheorie und einem Satz über algebraische Funktionen. Oktav. 1923 | 1.--

- Neue Anwendungen der Integralrechnung auf Probleme der Invariantentheorie. Oktav. 1924 | 2.--

- - II. Oktav. 1924 | 2.--

- - III. Oktav. 1924 | 1.--

- Einige Bemerkungen zur Determinantentheorie. Oktav. 1925 | 1.--

- Zur additiven Zahlentheorie. Oktav. 1926 | 1.--

- Ueber die rationalen Darstellungen der allgemeinen linearen Gruppe. Oktav. 1927 | 2.--

- Einige Sätze über Primzahlen mit Anwendungen auf irreduzibilitätsfragen I. Oktav. 1929 | 1.--

- und G. Szegö, Ueber die Abschnitte einer im Einheitskreise beschränkten Potenzreihe. Oktav. 1925 | 1.--

Schwarz, H.A., Bestimmung einer speziellen Minimalfläche. Nebst einem Nachtrage, einem Anhange und 6 Figurentafeln. Quart. 1871 | 7.50

- Zur Lehre von den unentwickelten Funktionen. Oktav. 1897 | 1.--

Study, E., Die angeblichenAntinomien der Mengenlehre. Oktav. 1929 | 1.--

- Vereinfachte Begründung von Lies Kugelgeometrie I. Weiss. E.A., Zusatz zu dieser Abhandlung. Oktav. 1926 | 2.--

Szegö, G., Ein Beitrag zur Theorie der Thetafunktionen. Oktav. 1926 | 1.--

- Verallgemeinerung des ersten Bieberbachschen Flächensatzes auf mehrfach zusammenhängende Gebiete. Oktav. 1928 | 1.--

Venske, O., Zur Theorie derjenigen Raumkurven, bei welchen die erste Krümmung eine gegebene Funktion der Bogenlänge ist. Oktav. 1903 | 1.--

Weyl, H., Zur Theorie der Darstellung der einfachen kontinuierlichen Gruppen. Oktav. 1924 | 1.--

13. Astronomie

Auwers, A., Bestimmung der Parallaxe des Sterns 34 Groombridge durch chronographische Beobachtungen am Aequatorial der Gothaer Sternwarte. Quart. 1867 1.--

- Bestimmung der Bahn des Kometen III von 1860. Quart. 1868 1.50
- Untersuchungen über die Beobachtungen von Bessel und Parallaxe von 61 Cygni. Quart. 1868 3.--
- Bericht über die Beobachtung des Venusdurchganges vom 8. Dezember 1874 in Luxor. Quart. 1877 13.--
- Mittlere Oerter vpn 570 Sternen für das Aequinoctium 1815.0. Quart. 1902 15.--
- Vierzehn unbekannt gebliebene Königsberger Zonen und Katalog von 1309 darin beobachteten Sternen für das Aequinoctium 1825. Quart. 1904 4.--

Berberich, A., Tafeln für die heliozentrischen Koordinaten von 307 kleinen Planeten. 108 S. Quart. 1911 5.50

Brenner, L., Marsbeobachtungen 1896-97 auf der Manora-Sternwarte in Lussin Piccolo. Mit 3 Tafeln. Quart. 1898 3.--

Encke, J.F., Ueber die Hansensche Form der Störungen. Quart. 1856 1.--

- Ueber die magnetische Deklination in Berlin. Quart. 1857 1.--
- Ueber die Bestimmung des Längenunterschiedes zwischen den Sternwarten von Brüssel und Berlin, abgeleitet auf telegraphischem Wege im Jahre 1857, nebst einem Nachtrage über die Bestimmung des Längenunterschiedes zwischen den Sternwarten von Königsberg und Berlin. Quart. 1859 2.20

Franz, J., Die Verteilung der Meere auf der Mondoberfläche. Mit 1 Tafel. Oktav. 1906 1.--

Ginzel, F.K., Beiträge zur Kenntnis der historischen Sonnenfinsternisse und zur Frage ihrer Verwendbarkeit. Mit 2 Tafeln. Quart. 1918 3.--

- Ueber die Störungen der Bahn des Olbersschen Kometen in der Marsnähe 1887. Oktav. 1918 1.--

Guthnick, P., Photometrische Beobachtungen der Jupitertrabanten von Juli 1905 bis April 1906. Mit 1 Tafel. Oktav. 1907 2.--

- Vergleichung lichtelektrischer photographischer und visueller photometrischer Beobachtungen der vier hellen Jupitersatelliten. Oktav. 1927 2.--
- Bericht über den Stand der Vorbereitungen zur photographischen Ueberwachung des Himmels. Oktav. 1928 1.--
- Ueber die Berücksichtigung der Extinktion bei lichtelektrischen Messungen. Oktav. 1928 1.--
- und R.Prager, Uebersuchung des Lichtwechsels von β Lyrae auf Grund lichtelektrischer Messungen. Oktav. 1917 2.--
- - Die Verwendung kurzbrennweitiger photographischer Objektive in der Astronomie. Oktav. 1926 1.--

Hansen, P.A., Ueber die gegenseitigen Störungen des Jupiter und Saturn. Quart. 1831 3.--

Hartmann, J., Ueber die Skala des Kirchhoffschen Sonnenspektrums. Oktav. 1898 1.--

- Ueber die relative Helligkeit der Planeten Mars und Jupiter nach Messungen mit einem neuen Phtometer. Oktav. 1899 1.--

- Ueber die Bewegung des Polarsterns in der Gesichtslinie. Oktav. 1901 1.--

- Spektrographische Geschwindigkeitsmessungen an Gasnebeln. Oktav. 1902 1.--

- Ueber einen neuen Zusammenhang zwischen Bogen- und Funkenspektren. Oktav. 1903 1.--

- Untersuchungen über das Spektrum und die Bahn von δ Orionis. Oktav. 1904 1.--

- Monochromatische Aufnahmen des Orionnebels. Oktav. 1905 1.--

- Eine Verbesserung des Foucaultschen Messerschneideverfahrens zur Untersuchung von Fernrohrobjektiven. Oktav. 1908 1.--

Herz, N., Sternkatalog für doe Zone von 6° bis 10° südlicher Deklination für das Aequinoktium 1890. Abgeleitet aus Zonenbeobachtungen in den Jahren 1888-1891 auf der v. Kuffnerschen Sternwarte in Wien (Ottakring). I.Abteilung: Katalog von 3310 in den Zonen mehrfach beobachteten Sternen. Quart. 1907 5.--

- - II. Abteilung: Katalog von 6941 Sternörtern nach einmaligen Beobachtungen. Quart. 1907 4.--

Kempf, P., Ueber Refraktion auf der Sonne und die Höhenlage der Kalziumflocken. Oktav. 1917 2.--

Kolhörster, W., Intensitäts- und Richtungsmessungen der durchdringenden Strahlung. Oktav. 1923 1.--

- Weitere Messungen durchdringender Strahlung am Jungfraujoch. Oktav. 1925 1.--

- und Gubert v.Salis, Die tägliche Periode der Höhenstrahlung. Oktav. 1927 1.--

Kurlbaum, F., Messung der Sonnentemperatur. Oktav. 1911 1.--

Ludendorff, H., Die Bahn des spektroskopischen Doppelsterns β Arietis. Oktav. 1907 1.--

- Ueber die Radialgeschwindigkeit von ε Aurigae. Oktav. 1924 2.--

- Spektralphotometrische Untersuchungen über die Sonnenkorona. Oktav. 1925 2.--

- Ueber die Abhängigkeit der Form der Sonnenkorona von der Sonnenfleckenhäufigkeit. Oktav. 1928 2.--

- Untersuchungen über die δ Cephei-Sterne. Oktav. 1929 2.--

- Ueber den sogenannten 61 Cygni-Sternstrom. 1929 1.--

Müller, G., und P.Kempf, Ein neuer veränderlicher Stern von aussergewöhnlich kurzer Periode. Oktav. 1903 1.--

Prager, R., Ueber die Periode des veränderlichen Sterns R R Lyrae. Oktav. 1916 1.--

Samter, H., Ueber die Bahn des Planeten Egeria (13). Oktav.1909 1.--

- Die Masse des Saturntrabanten Titan. Oktav. 1912 1.--

Scheiner, J., Der grosse Sternhaufen in Hercules Messier 13. Nach Aufnahmen am Potsdamer photographischen Refraktor. Mit 1 Tafel. Quart. 1892 — 3.50

- und S. Hirayama, Photographische Aufnahme Fraunhoferscher Beugungsfiguren. Mit 4 Tafeln. Quart. 1894 — 4.50

Schwarzschild, K., Ueber die Häufigkeit und Leuchtkraft der Sterne von verschiedenem Spektraltypus. Oktav. 1914 — 2.--

- Ueber Diffusion und Absorption in der Sonnenathmosphäre. Oktav. 1914 — 2.--

- Ueber die Verschiebungen der Bande bei 3883 A im Sonnenspektrum. Oktav. 1914 — 1.--

Schweydar, W., Beobachtung der Aenderung der Intensität der Schwerkraft durch den Mond. Oktav. 1914 — 1.--

- Zur Erklärung der Bewegung der Rotationspole der Erde. Oktav. 1919 — 1.--

Sternkarten, Akademische, für den Gürtel des Himmels von 15° südlicher bis 15° nördlicher Abweichung nach Bessels Vorschlag entworfen von verschiedenen Astronomen. Herausgegeben von der Kgl. Akademie der Wissenschaften zu Berlin. (24 Stunden: Hora O-XXIII. 25 Blätter.) Imperial. 1859. Preis des einzelnen Blattes — 3.--
Das Ganze — 48.--

Hora O. Von Dr. Luther in Bilk bei Düsseldorf.
Hora I. Von Prof.C.F.R. Olufsen, Direktor der Sternwarte zu Kopenhagen. 1849.
Hora II. Von Dr.J.J. Morstadt in Prag. 1835.
Hora III. Von Prof. d'Arrest in Leipzig. 1854.
Hora IV. Von Prof. K. Knorre in Nicolajew.
Hora V. Von Prof. Argelander in Bonn. 1856.
Hora VI. Von Dr. C. Bremiker in Berlin. 1853.
Hora VII. Von Sigmund Fellöcker, Adjunkt der Sternwarte zu Kremsmünster. 1848.
Hora VIII. Von Prof. Schwerd in Speier. Text von Dr. Wolfers in Berlin. 1833.
Hora IX. Von Dr. C. Bremiker in Berlin.
Hora X. Von Prof. Göbel in Koburg. 1830.
Hora XI. Von Prof. v. Bogulavski in Breslau. 1852.
Hora XII. Von v. Steinheil in München. 1834.
Hora XIII. Von Dr. C. Bremiker in Berlin. 1843.
Hora XIV. Von Thomas John Hussey in Chislehurst. 1831.
Hora XV. Von Prof. Harding in Göttingen. 1830.
Hora XVI. Von Dr. Wolfers in Berlin. 1843.
Hora XVII. Von Dr. C. Bremiker in Berlin. 1840.
Hora XVIII. Von Inghirami in Florenz.
Dieselbe von Capocci in Neapel. 1831.
Hora XIX. Von Dr. Wolfers in Berlin. 1840.
Hora XX. Von Dr. Hencke in Driesen. 1852.
Hora XXI. Von Dr. C. Bremiker in Berlin. 1845.
Hora XXII. Von Prof. Fr. Argelander in Abo. 1832.
Hora XXIII. Von Prof. Harding in Göttingen. 1834.

Zu den Sternkarten gehören Kataloge, die von ihnen untrennbar sind. Von Hora XVIII sind zwei verschiedene Karten vorhanden, die jedoch nur als ein Blatt berechnet werden.

Struve, G., Neue Elemente der inneren Saturnstrabanten. Abgeleitet aus den in Washington und an der YerkesSternwarte angestellten Beobachtungen. 1903-1914. 131 S. Quart. 1918 — 7.--

Struve, H., Beobachtungen von Flecken auf dem Planeten Jupiter am Refraktor der Königsberger Sternwarte. Quart. 1905 — 2.--

- Bestimmung der Säkularbewegung des V. Jupitermondes. Oktav. 1906 — 2.--
- Beobachtungen des Saturnstrabanten Titan am Königsberger und Berliner Refraktor. Quart. 1908 — 2.50
- Ueber die Lage der Marsachse und die Konstanten im Marssystem. 28 S. Oktav. 1911 — 2.--
- Ueber die Vorteile der Anwendung eines Reversionsprismas bei Doppelsternmessungen. 23 S. Oktav. 1911 — 2.--
- Bahnen der Uranustrabanten. I.Abteilung: Oberon und Titania. Unter Mitwirkung von W. Hassenstein, P.V. Neugebauer G.Struve. 109 S. Quart. 1913 — 5.50
- Bestimmung der Halbmesser von Saturn aus Verfinsterungen seiner Monde. 19 S. Oktav. 1915 — 2.--
- Neue Untersuchungen über die Bewegungen im Saturnsystem. 13 S. Oktav. 1916 — 1.--
- Prüfung der Uhrwerke an den Aequatorealen der Babelsberger Sternwarte. 14 S. Oktav. 1918 — 1.--

Tafeln der Flora mit Berücksichtigung der Störungen durch Jupiter und Saturn. Entworfen von D. F. Brünnow, Direktor der Sternwarte zu Ann-Arbor in Michigan. Quart. 1855 — 2.--

Vahlen, Th., Ueber den Lambertschen Satz und die Planetenbahnbestimmung aus drei Beobachtungen. 9 S. Oktav. 1914 — 1.--

Vogel, H.C., Ueber den neuen Stern im Fuhrmann. Quart. 1893 — 3.50

- Einige Bemerkungen über den Kirchhoffschen Spektralapparat. Oktav. 1898 — 1.--
- Ueber das Spektrum von α Aquilae und über die Bewegung des Sterns im Visionsradius. Oktav. 1898 — 1.--
- Ueber die im letzten Dezennium in der Bestimmung der Sternbewegungen in der Gesichtslinie erreichten Fortschritte. Oktav. 1900 — 2.--
- Ueber das Spektrum der Nova Persei. Oktav. 1901 — 1.--
- Der spektroskopische Doppelstern Mizar. Oktav. 1901 — 1.--
- Ueber die Bewegung des Orionnebels im Visionsradius. Oktav. 1901 — 1.--
- Der spektroskopische Doppelstern o Persei. Oktav. 1902 — 1.--
- Untersuchungen über das spektroskopische Doppelsternsystem β Aurigae. Oktav. 1904 — 2.--
- Ueber Spiegelteleskope mit relativ kurzer Brennweite. Oktav. 1906 — 2.--

Wilkens, A., Zur Erweiterung eines Problems der Säkularstörungen. Oktav. 1905 — 1.--

- Ueber die Integration der Grundgleichungen der Theorie der Jupitermonde. 10 S. Oktav. 1914 — 1.--

Wilsing, J., Ueber die Bedeutung des typischen Spektrums der neuen Sterne. Oktav. 1899 — 1.--

- Untersuchung der Wirkung der Doppelbrechung auf die Genauigkeit der Strahlenvereinigung beim 80-cm-Objektiv des Astrophysikalischen Observatoriums bei Potsdam. 6 S. Oktav. 1913 — 1.--

Wöpcke, F., Ueber ein in der Kgl. Bibliothek zu Berlin befindliches arabisches Astrolabium. Mit 2 Kupfertafeln. Quart. 1858 — 2.50

14. Physik

Bernstein, J., und A.Tschermak, Ueber das thermische Verhalten des elektrischen Organs von Torpedo. Mit 1 Abb.Oktav.1904 1.--

Bessel, F.W., Versuche über die Kraft, mit welcher die Erde von verschiedener Beschaffenheit anzieht. Mit 1 Tafel.Quart. 1832 2.--

- Zwölf Briefe von B. an Olbers. Oktav. 1900 2.--

Bezold, W.v., Zur Theorie des Erdmagnetismus. Oktav. 1897 2.50

- Ueber die Zunahme der Blitzgefahr während der letzten 60 Jahre. Oktav. 1899 1.--
- Zur Thermodynamik der Atmosphäre. 5.Mittlg. Oktav. 1900 2.--
- Ueber klimatologische Mittelwerte für ganze Breitenkreise. Oktav. 1902 1.--
- und A.Schmidt, Vorschlag zu einer magnetischen Vermessung eines ganzen Parallelkreises zur Prüfung der Grundlagen der Gaußschen Theorie des Erdmagnetismus. Mit 1 Tafel. Oktav. 1903 1.--

Bodenstein, M., Reaktionsgeschwindigkeit bei Umsetzungen von Atomen. Oktav. 1926 1.--

- Kettenreaktionen. Oktav. 1928 1.--

Boltzmann, L., Ueber vermeintlich irreversible Strahlungsvorgänge. Dritte Mitteilung. Oktav. 1898 1.--

Born, M., Ueber anisotrope Flüssigkeiten. Versuch einer Theorie der flüssigen Kristalle und des elektrischen Kerr-Effekts in Flüssigkeiten. 37 S. Oktav. 1916 2.50

- Die elektromagnetische Masse der Kristalle. 7 S.Oktav.1918 1.--
- Ueber die Maxwellsche Beziehung zwischen Brechungsindex und Dielektrizitätskonstante und über eine Methode zur Bestimmung der Ionenladung in Kristallen. Oktav. 1918 1.--

Braun, F., Der Hertzsche Gitterversuch im Gebiete der sichtbaren Strahlung. Oktav. 1904 1.--

Cauer, W., Ueber die Variabeln eines passiven Vierpols. Oktav. 1927 1.--

Cohen, E., Ein neues Meteoreisen von Beaconsfield, Colonie Victoria, Australien. Oktav. 1897 1.--

- Ueber das Meteoreisen von Forsyth Co., Georgia. Vereinigte Staaten. Oktav. 1897 1.--
- Ueber ein neues Meteoreisen von Locust Grove, Henry Co., Nord-Carolina. Vereinigte Staaten. Oktav. 1897 1.--
- Zusammenfassung der bei der Untersuchung der körnigen bis dichten Meteoreisen erhaltenen Resultate. Oktav. 1900 1.--
- Metalloptik und Maxwellsche Theorie. Oktav. 1903 1.--
- Zur Elektrodynamik bewegter Systeme. I.u.II. Oktav. 1904 à 1.--

Eberhard, G., Spektroskopische Untersuchung der Terbium-Präparate von Dr.G.Urbain. Oktav. 1906 2.--

Einstein, A., Zur Theorie der Lichtfortpflanzung in dispergierenden Medien. Oktav. 1922 — 1.--

- Zur allgemeinen Relativitätstheorie. Oktav. 1923 — 1.--
- Zur affinen Feldtheorie. Oktav. 1923 — 1.--
- Bietet die Feldtheorie Möglichkeiten für die Lösung des Quantenproblems? Oktav. 1923 — 1.--
- Quantentheorie des einatomigen idealen Gases. II. Abhandlung. Oktav. 1925 — 1.--
- Zur Quantentheorie des idealen Gases. Oktav. 1925 — 1.--
- Die einheitliche Feldtheorie von Gravitation und Elektrizität. Oktav. 1925 — 1.--
- Ueber die Interferenzeigenschaften des durch Kanalstrahlen emittierten Lichtes. Rupp, E., Ueber die Interferenzeigenschaften des Kanalstrahllichtes. Oktav. 1926 — 2.--
- Zu Kaluzas Theorie des Zusammenhanges von Gravitation und Elektrizität. Oktav. 1927. 1. und 2. Mitteilung. — 1.--
- Allgemeine Relativitätstheorie und Bewegungsgesetz. Oktav. 1927 — 1.--
- Neue Möglichkeit für eine einheitliche Feldtheorie von Gravitation und Elektrizität. Oktav. 1928 — 1.--
- Riemann-Geometrie und Aufrechterhaltung des Begriffes des Fernparallelismus. Oktav. 1928 — 1.--
- Zur einheitlichen Feldtheorie. Oktav. 1929 — 1.--
- Einheitliche Feldtheorie und Hamiltonsches Prinzip. Oktav. 1929 — 1.--
- und J. Grommer, Allgemeine Relativitätstheorie und Bewegungsgesetz. Oktav. 1927 — 1.--

Engelmann, Th.W., Gedächtnisrede auf Emil du Bois-Reymond. Quart. 1898 — 1.--

- Zur Theorie der Kontraktilität. Oktav. 1906 — 2.--

Epstein, Ueber die Struktur des Phasenraumes bedingt periodischer Systeme. Oktav. 1918 — 1.--

Eucken, A., Ueber den Verlauf der galvanischen Polarisation durch Kondensatorenladung; Anwendung auf die Nervenreizung. Oktav. 1908 — 1.--

- Die Molekularwärme des Wasserstoffs bei tiefen Temperaturen. 11 S. Oktav. 1912 — 1.--
- Ueber den Quanteneffekt bei einatomigen Gasen und Flüssigkeiten. Oktav. 1914 — 1.--

Freundlich, E., Ueber die singulären Stellen der Lösungen des n-Körper-Problems. I.Mitteilung. 22 S. Oktav. 1918 — 2.--

- und Rosa, Ueber die Beziehungen zwischen dem elektrokinet. Potentialsprung und der elektrischen Phasengrenzkraft. Oktav. 1920 — 1.--

Furtwängler, Th., Ueber die Schwingungen zweier Pendel mit annähernd gleicher Schwingungsdauer. Oktav. 1902 — 1.--

Gaidukov, N., Ueber den Einfluss farbigen Lichts auf die Färbung lebender Oscillarien. Mit 4 Tafeln. Quart. 1903 — 3.50

Gehrcke, E., Ueber den Geschwindigkeitsverlust, welchen die Kathodenstrahlen bei der Reflexion erleiden. Mit 1 Tafel. Oktav. 1901 — 1.--

- und O.v.Baeyer, Ueber die Trabanten der Quecksilberlinien. Oktav. 1905 | 1.--

Goldstein, E., Ueber die Struktur des Kathodenlichts und die Natur der Lenardschen Strahlen. Oktav. 1897 | 1.--

- Ueber die Phosphoreszenz anorganischer chemischer Präparate. Oktav. 1900 | 1.--

- Ueber Nachfarben und die sie erzeugenden Strahlungen. Oktav. 1901 | 1.--

Gray, A.W., Ueber Ozonisierung durch stille elektrische Entladungen im Siemensschen Ozonapparat. Oktav. 1903 | 1.--

Grunmach, L., Experimentelle Bestimmung von Kapillaritätskonstanten komdemsierter Gase. Oktav. 1900 | 1.--

- Experimentelle Bestimmung der Oberflächenspannung flüssiger Luft. Oktav. 1901 | 1.--

- Experimentelle Bestimmung der Oberflächenspannung und des Molekulargewichts von verflüssigtem Stickstoffoxydul. Oktav. 1904 | 1.--

- Experimentelle Bestimmung der Oberflächenspannung von verflüssigtem Sauerstoff und verflüssigtem Stickstoff. Oktav. 1906 | 1.--

- Ueber neue Methoden und Apparate zur Messung von Erderschütterungen kleinster Periode. (Nach gemeinsam mit F. Weidert ausgeführten Untersuchungen). Mit 1 Tafel. Oktav. 1909 | 1.--

Haber, F., Ueber die Rolle der Elektrizitätsträger bei der Explosion brennbarer Gase im Gemisch mit Luft. Oktav. 1929 | 1.--

- und H.D. Graf v. Schweinitz, Ueber Zündung des Knallgases durch Wasserstoffatome. Oktav. 1928 | 1.--

Hagen, E., und H. Rubens, Ueber Beziehungen zwischen dem Reflexionsvermögen der Metalle und ihrem elektrischen Leitvermögen. Oktav. 1903 | 1.--

- - Das Emissionsvermögen der Metalle für lange Wellen. Oktav. 1903 | 1.--

- - Ueber die Abhängigkeit des Emissionsvermögens der Metalle von der Temperatur. Oktav. 1909 | 1.--

Hagen, G., Ueber die Ausdehnung des destillierten Wassers unter verschiedenen Wärmegraden. Quart. 1855 | -.80

- Ueber Flut und Ebbe in der Ostsee. 1.Abhandlung. Quart. 1857 | -.80

- - 2. Abhandlung. Quart. 1859 | -.80

- Ueber Wellen auf Gewässern von gleichmässiger Tiefe. Quart. 1862 | 3.--

- Ueber die Wärme der Sonnenstrahlen. Quart. 1864 | -.80

- Gedächtnisrede auf Johann Franz Encke. Quart. 1866 | -.80

- Die preussische Ostseeküste in betreff der Frage, ob dieselbe eine Hebung oder Senkung bemerken lässt. Quart. 1866 | -.80

- Ueber die Bewegung des Wassers in zylindrischen, nahe horizontalen Leitungen. Mit einem Anhang: Ueber die Bewegung des Wassers in vertikal abwärts gerichteten Röhren. Quart. 1870 | 1.20

- Ueber den Seitendruck der Erde. Quart. 1871 | 1.--

- Ueber das Gesetz, wonach die Geschwindigkeit des strömenden Wassers mit der Entfernung vom Boden sich vergrössert. Quart. 1871 1.50

- Messung des Widerstandes, den Planscheiben erfahren, wenn sie in normaler Richtung gegen ihre Ebene durch die Luft bewegt werden. Mit 1 Tafel. Quart. 1874 1.50

- Vergleichung der Wasserstände der Ostsee an der preussischen Küste. Quart. 1877 1.--

- Ueber die Stellung, welche drehbare Planscheiben in strömendem Wasser annehmen. Mit 1 Tafel. Quart. 1878 1.--

- Geschwindigkeit des strömenden Wassers in verschiedenen Tiefen, untersucht nach den von Brünnings ausgeführten Messungen. Quart. 1883 4.--

- und Rubens, Ueber die Aenderung des Emissionsvermögens der Metalle mit der Temperatur in langwelligen ultraroten Spektrum. Oktav. 1910 2.--

Hahn, O., Atomumwandlungen und ihre Bedeutung für Chemie und Physik. Oktav. 1929 1.--

Hefner-Alteneck, F.v., Ueber Verbesserung an der Lichteinheit und an einfachen Photometern. Oktav. 1902 1.--

- Ueber die unmittelbare Beeinflussung von Pendelschwingungen durch äussere Kräfte. Oktav. 1903 1.--

Helmholtz, H., Hydrodynamische Untersuchungen. Aus dem Nachlass zusammengestellt von W. Wien. Oktav. 1904 2.--

- Ueber die physikalische Bedeutung des Prinzips der kleinsten Wirkung. Aus den hinterlassenen Papieren bearbeitet von L. Koenigsberger. Oktav. 1905 2.--

Hittorf, W., Ueber das elektromotorische Verhalten des Chroms. Oktav. 1898 2.--

Holborn, L., Ueber die Verteilung des induzierten Magnetismus in Zylindern. Oktav. 1898 1.--

- und A. Day, Ueber die Thermoelektrizität einiger Metalle. Oktav. 1899 1.--

- - Ueber die Ausdehnung von Platin, Platiniridium, Palladium, Silber, Nickel, Eisen, Stahl und Constantan in hoher Temperatur. Oktav. 1900 1.--

- und F. Henning, Ueber die Zerstäubung und die Rekrystallisation der Platinmetalle. Oktav. 1902 1.--

- - Ueber die Lichtemission und den Schmelzpunkt einiger Metalle. Oktav. 1905 1.--

- und M. Jakob, Ueber die spezifische Wärme cp der Luft zwischen I und 200 Atmosphären. 7 S. Oktav. 1914 1.--

- und F. Kurlbaum, Ueber ein optisches Pyrometer. Oktav. 1901 1.--

- und S. Valentiner, Temperaturmessungen bis 1600° mit dem Stickstoffthermometer und mit dem Spektralphotometer. Oktav. 1906 1.--

Jaeger, W., Ueber die in der Darstellung und Festhaltung des elektrischen Widerstandsmasses erreichbare Genauigkeit. Oktav. 1903 1.--

- und H. Diesselhorst, Wärmeleitung, Elektrizitätsleitung, Wärmekapazität und Thermokraft einiger Metalle. Oktav. 1899 1.--

- und H.v.Steinwehr, Die Wärmekapazität zwischen 5° und 50° in internationalen Wattsekunden. 9 S. Oktav. 1915 | 1.--

Jakob, M., Bestimmung der Wärmeleitfähigkeit des Wassers. Oktav. 1920 | 1.--

Kaluza, Th., Zum Unitätsproblem der Physik. Oktav. 1921 | 1.-

Kayser, H., Ueber die Bogenspektren der Elemente der Platingruppe. Quart. 1898 | 2.50

- Die Bogenspektren von Yttrium und Ytterbium. Quart. 1903 | 1.--
- und C. Runge, Die Dispersion der Luft. Quart. 1893 | 1.50
- - Ueber die Spektren der Elemente. Quart.
  - IV. Mit 2 Tafeln. 1891 | 4.80
  - V. Mit 1 Tafel. 1892 | 5.--
  - VI. Mit 1 Tafel. 1892 | 2.--
  - VII. Mit 1 Tafel. 1894 | 2.--

Kirchhoff, A., Ueber die Reflexion und Brechung des Lichts an der Grenze krystallinischer Mittel. Quart. 1876 | 1.50

Kohlrausch, F., Statistik der Löslichkeit einer Gruppe von Salzen im Wasser bei mittlerer Temperatur. Oktav. 1897 | 1.--

- Ueber den stationären Temperaturzustand eines von einem elektrischen Strome erwärmten Leiters. Oktav. 1899 | 1.--
- Ueber das elektrische Leitvermögen von Lösungen der Alkali-Jodate und eine Formel zur Berechnung von Leitvermögen. Oktav. 1900 | 1.--
- Ueber den Temperatureinfluss auf das elektrische Leitvermögen von Lösungen, insbesondere auf die Beweglichkeit der einzelnen Ionen im Wasser. Oktav. 1901 | 1.--
- Ueber die Temperaturkoeffizienten der Ionen im Wasser, insbesondere über ein die einwertigen Elemente umfassendes Gesetz. Oktav. 1902 | 1.--
- und F. Dolezalek, Die Löslichkeit des Bromsilbers und Jodsilbers im Wasser. Oktav. 1901 | 1.--
- und E. Grüneisen, Ueber die durch sehr kleine elastische Verschiebungen entwickelten Kräfte. Oktav. 1901 | 1.--
- - Das Leitvermögen wässriger Lösungen von Elektrolyten mit zweiwertigen Ionen. Oktav. 1904 | 1.--
- und M.E.Maltby, Das elektrische Leitvermögen wässriger Lösungen von Alkali-Chloriden und Nitraten. Oktav. 1899 | 1.--
- und F. Mylius, Ueber wässrige Lösungen des Magnesiumoxalats. Oktav. 1904 | 1.--
- und H. Steinweber, Weitere Untersuchungen über das Leitvermögen von Elektrolyten. Oktav. 1902 | 1.--

Kolhörster, W., und Gubert von Salis, Die tägliche Periode der Höhenstrahlung. Oktav. 1927 | 1.--

König, A., Abhängigkeit der Sehschärfe von der Beleuchtungsintensität. Oktav. 1897 | 2.--

- Ueber Blaublindheit. Mit 2 Tafeln. Oktav. 1897 | 1.--
- Die Abhängigkeit der Farben- und Helligkeitsgleichungen von der absoluten Intensität. Oktav. 1897 | 1.--

Königsberger, L., Ueber die Darstellung der Kraft in der analytischen Mechanik. Oktav. 1897 | 1.--

- Die Prinzipien der Mechanik für mehrere unabhängige Variable. Oktav. 1901 | 2.--

- Ueber die aus der Variation der mehrfachen Integrale entspringenden partiellen Differentialgleichungen der allgemeinen Mechanik. Oktav. 1905 — 2.--
- Ueber die Differentialgleichungen der mathematischen Physik. Oktav. 1905 — 1.--
- Ueber die Grundlagen der Mechanik. Oktav. 1906 — 1.--

Kötter, E., Ueber den Grenzfall, in welchem ein ebenes Fachwerk von n Knotenpunkten und 2 n - 3 Stäben oder ein räumliches Fachwerk von n Knotenpunkten und 3 n - 6 Stäben nicht mehr statisch bestimmt ist. Mit 1 Tafel. 97 S. Quart. 1913 — 5.50

Kötter, F., Die von Steklow und Liapunow entdeckten integrablen Fälle der Bewegung eines starren Körpers in einer Flüssigkeit. Oktav. 190o. — 1.--
- Die Bestimmung des Druckes an gekrümmten Gleitflächen, eine Aufgabe aus der Lehre vom Erddruck. Oktav. 1903 — 1.--
- Ueber die Torsion des Winkeleisens. Oktav. 1908 — 2.--
- Ueber den Druck von Sand gegen Oeffnungsverschlüsse im horizontalen Boden kastenförmiger Gefässe. Oktav. 1909 — 2.--
- Ueber die Spannungen in einem ursprünglich geraden durch Einzelkräfte in stark gekrümmter Gleichgewichtslage gehaltenen Stab. Oktav. 1910 — 2.--

Ladenburg, A., und C. Krügel, Ueber das Krypton. Oktav. 1900 — 1.--
- - - II. Mitteilung. Oktav. 1900 — 1.--

Ladenburg, R., und E. Kopfermann, Die anomale elektrische Doppelbrechung des Natriumdampfes. Oktav. 1925 — 1.--
- R. Kopfermann und A. Carst, Untersuchungen über die anomale Dispersion angeregter Gase. Oktav. 1926 — 2.--

Landé, A., Elektronenbahnen im Polyederverband. Oktav. 1919 — 1.--

Landolt, H., Ueber die Erhaltung der Masse bei chemischen Umsetzungen. Quart. 1910 — 8.--

Laue, M.v., Die Beugungserscheinungen an vielen unregelmässig verteilten Teilchen. 20 S. Oktav. 1915 — 2.--
- Bedeutung des Nullkegels in der allgemeinen Relativitätstheorie. Oktav. 1922 — 1.--
- Lösungen der Feldgleichungen der Schwere von Schwarzschild, Einstein und Trefftz und ihre Vereinigung. Oktav. 1923 — 1.--
- und W. Gordon, Ein Verfahren zur Bestimmung der Wärmeleitfähigkeit bei Glühtemperaturen. Oktav. 1922 — 1.--
- und H. Mark, Die Zerstreuung inhomogener Röntgenstrahlen an mikrokristallinen Körpern. Oktav. 1926 — 1.--

Levi-Civita, T., Vereinfachte Herstellung der Einsteinschen einheitlichen Feldgleichungen. Oktav. 1929 — 2.--

Lichtenstein, Ueber einige Eigenschaften der Gleichgewichtsfiguren rotierender homogener Flüssigkeiten. Oktav. 1918 — 1.--

Liebisch und Rubens, Ueber die optischen Eigenschaften einiger Kristalle im langwelligen ultraroten Spektrum. Oktav. 1919. I. — 2.--
- - - II. Mitteilung. Oktav. 1919 — 2.--

- - - III.Mitteilung. Oktav. 1921 1.--

Lohse, O., Untersuchungen des violetten Teils einiger linienreicher Metallspektra. Oktav. 1897 2.--

Lüdeling, G., Ueber die tägliche Variation des Erdmagnetismus an Polarstationen. Oktav. 1898 1.--

- Ueber den täglichen Gang der erdmagnetischen Störungen an Polarstationen. Oktav. 1899 1.--

Lummer, O., Komplementäre Interferenzerscheinungen im reflektierten Lichte. Oktav. 1900 1.--

- und E. Gehrcke, Ueber den Bau der Quecksilberlinien; ein Beitrag zur Auflösung feinster Spektrallinien. Oktav. 1902 1.--

Magnus, G., Ueber Emission, Absorption und Reflexion der bei niederer Temperatur ausgestrahlten Wärmearten. Mit 1 Tafel. Quart. 1870 1.50

Miethe, A., und E. Lehmann, Ueber das ultraviolette Ende des Sonnenspektrums. Oktav. 1909 1.--

Müller, Carl, Ueber sehr dünne durchsichtige Metallfolien. Oktav. 1925 1.--

Müller-Breslau, Ueber exzentrische gedrückte gegliederte Stäbe. Oktav. 1910 1.--

- Versuche mit auf Biegung und Knickung beanspruchten Flugzeugholmen. Oktav. 1924 1.--

Nernst, W., Ueber die Beziehungen zwischen Wärmeentwicklung und maximaler Arbeit bei kondensierten Systemen. Oktav. 1906 1.--

- Zur Theorie der galvanischen Polarisation: Anwendung zur Berechnung der Reizwirkungen elektrischer Ströme. Oktav. 1908 1.--

- Ueber die Berechnung elektromotorischer Kräfte aus thermischen Grössen. Oktav. 1909 2.--

- Zur Thermodynamik kondensierter Systeme. 14 S. Oktav. 1913 1.--

- Zur Registrierung schnell verlaufender Druckänderungen. 6 S. Oktav. 1915 1.--

- Einige Folgerungen aus der sogenannten Entartungstheorie der Gase. Oktav. 1919 1.--

- Ueber die Berechnung der elektrolytischen Dissoziation aus der elektrischen Leitfähigkeit. Oktav. 1928 1.--

- und F.A. Lindemann, Untersuchungen über die spezifische Wärme. VI. Berechnungen von Atomwärmen. - VII. Zur Berechnung chemischer Affinitäten. 17 S. Oktav. 1913 2.--

- und W. Orthmann, Die Verdünnungswärme von Salzen bei sehr kleinen Konzentrationen. Oktav. 1926 1.--

- - - Teil II. Oktav. 1927 1.--

- und F. Schwers, Untersuchungen über die spezifische Wärme bei tiefen Temperaturen. VIII. 16 S. Oktav. 1914 1.--

Noddack, W., und Ida Tacke, Zwei neue Elemente der Mangangruppe. Chemischer Teil.
Otto Berg und Ida Tacke, Röntgenspektroskopischer Teil. Oktav. 1925 1.--

Ostwald, W., Ikonoskopische Studien. Oktav. 1905 1.--

- Grundsätzliches zur messenden Farbenlehre I. Oktav. 1929 1.--

Paschen, F., Ueber die Verteilung der Energie im Spektrum des schwarzen Körpers bei niederen Temperaturen. Oktav. 1899 — 1.--

- Ueber die Verteilung der Energie im Spektrum des schwarzen Körpers bei höheren Temperaturen. Oktav. 1900 — 2.--
- Serienenden und molekulare Felder. Oktav. 1926 — 1.--
- Die Lichtanregung durch den metastabilen Zustand der Edelgasatome. Oktav. 1927 — 1.--
- Das erste Funkenspektrum des Quecksilbers. Hg.II. Oktav. 1928 — 1.--
- und H. Wanner, Eine photometrische Methode zur Bestimmung der Exponentialkonstanten der Emissionsfunktion. Oktav. 1899 — 1.--

Planck, M., Ueber irreversible Strahlungsvorgänge.
I. Mitteilung. Oktav. 1897 — 1.--
II. Mitteilung. (Nicht apart erschienen).
III. Mitteilung. Oktav. 1898 — 2.--
IV. Mitteilung. Oktav. 1898 — 2.--
V. Mitteilung. Oktav. 1899 — 2.50
Nachtrag. Oktav. 1901 — 1.--

- Zur elektromagnetischen Theorie der Dispersion in isotropen Nichtleitern. Oktav. 1902 — 2.--
- Zur elektromagnetischen Theorie der selektiven Absorption in isotropen Nichtleitern. Oktav. 1903 — 2.--
- Ueber die Extinktion des Lichtes in einem optisch homogenen Medium von normaler Dispersion. Oktav. 1904 — 1.--
- Normale und anormale Dispersion in nichtleitenden Medien von variabler Dichte. Oktav. 1905 — 1.--
- Ueber die kanonische Zustandsgleichung einatomiger Gase. Erste Mitteilung. Oktav. 1908 — 1.--
- Eine veränderte Formulierung der Quantenhypothese. Oktav. 1914 — 1.--
- Dissoziationswärme des Wasserstoffs. Oktav. 1919 — 2.--
- Zur Quantelung des asymetrischen Kreisels. Oktav. 1918 — 1.--
- Ansprache. Oktav. 1922 — 1.--
- Die Energieschwankungen bei der Superposition periodischer Schwingungen. Bemerkung zur Quantenstatistik der Energieschwankungen. Oktav. 1923 — 1.--

Quincke, G., Ueber Volumenänderungen durch magnetische Kräfte. Oktav. 1900 — 1.--

- Ueber Unsichtbare Flüssigkeitsschichten und die Oberflächenspannung flüssiger Niederschläge. Oktav. 1901 — 2.--
- Doppelbrechung der Gallerte beim Aufquellen und Schrumpfen. Oktav. 1904 — 1.--

Rasch, E., Bestimmung der kritischen Spannungen in festen Körpern. Oktav. 1908 — 1.--

Regener, E., Ueber Zählung der α-Teilchen durch die Szintillation und über die Grösse des elektrischen Elementarquantums. Oktav. 1909 — 2.--

- Ueber die Ursache, welche bei den Versuchen von Herrn F. Ehrenhaft die Existenz eines Subelektrons vortäuscht. Oktav. 1920 — 1.--

Richarz, F., und O. Krigar-Menzel, Bestimmung der Gravitationskonstante und der mittleren Dichtigkeit der Erde durch Wägungen. Quart. 1898 — 11.--

- und R. Schenck, Ueber Analogien zwischen Radioaktivität und dem Verhalten des Ozons. Oktav. 1903 — 1.--

Riess, P., Ueber die elektrischen Ringfiguren. Quart. 1861 — 1.20

Roux, W., Prinzipielle Sonderung von Naturgesetz und Regel, von Wirken und Vorkommen. Oktav. 1920 — 2.--

Rubens, H., Gedächtnisrede auf Friedr. Kohlrausch. Quart. 1910 — 1.--

- Ueber die Absorption des Wasserdampfes und über neue Reststrahlengruppen im Gebiete der grossen Wellenlängen. 37 S. Oktav. 1913 — 2.50
- Ueber Reflexionsvermögen und Dielektrizitätskonstante isolierender fester Körper und einiger Flüssigkeiten. Mit 1 Tafel. 17 S. Oktav. 1915 — 2.--
- Ueber Reflexionsvermögen und Dielektrizitätskonstante einiger amorpher Körper. 14 S. Oktav. 1916 — 1.--
- Das ultrarote Spektrum und seine Bedeutung für die Bestätigung der elektromagnetischen Lichttheorie. Oktav. 1917 — 2.--
- Ueber die Brechungsexponenten einiger fester Körper für kurze Hertzsche Wellen. Oktav. 1917 — 1.--
- Ueber die Drehung der optischen Symmetrieachsen von Adular und Gips im langwelligen Spektrum. Oktav. 1919 — 1.--
- Gittermessungen im langwelligen Spektrum. Oktav. 1921 — 2.--
- und O. von Baeyer, Ueber eine äusserst langwellige Strahlung des Quecksilberdampfes. 7 S. Oktav. 1911 — 1.--
- - Ueber die Energieverteilung der von der Quarzquecksilberlampe ausgesandten langwelligen Strahlung. 12 S. oktav. 1911 — 1.--
- - Ueber den Einfluss der selektiven Absorption des Wasserdampfes auf die Energieverteilung der langwelligen Quecksilberdampfstrahlung. 8 S. Oktav. 1913 — 1.--
- und G. Hertz, Ueber den Einfluss der Temperatur auf die Absorption langwelliger Wärmestrahlen in einigen festen Isolatoren. 19 S. Oktav. 1912 — 2.--
- und G.Hettner, Das langwellige Wasserdampfspektrum und seine Deutung durch die Quantentheorie. 17 S. Oktav. 1916 — 2.--
- und K.Hoffmann, Ueber die Strahlung geschwärzter Flächen. Oktav. 1922 — 1.--
- und G.Michel, Beitrag zur Prüfung der Planckschen Strahlungsformel. Oktav. 1921 — 2.--
- und F.Kurlbaum, Ueber die Emission langwelliger Wärmestrahlen durch den schwarzen Körper bei verschiedenen Temperaturen. Oktav. 1900 — 1.--
- und E. Ladenburg, Das Reflexionsvermögen des Wassers. Oktav. 1908 — 1.--
- und K.Schwarzschild, Sind im Sonnenspektrum Wärmestrahlen von grosser Wellenlänge vorhanden? 7 S. Oktav. 1914 — 1.--
- und H.von Wartenberg, Beitrag zur Kenntnis der langwelligen Reststrahlen. 22 S. Oktav. 1914 — 2.--

- und R.W.Wood, Isolierung langwelliger Wärmestrahlung durch Quarzlinsen. 16 S. Oktav. 1911 1.--

Runge, C., und F.Paschen, Ueber die Strahlung des Quecksilbers im magnetischen Felde. Mit 6 Tafeln. Quart. 1902 3.--

- - Ueber die Zerlegung einander entsprechender Serienlinien im magnetischen Felde. I. Mitteilung. Oktav. 1902 1.--

- - - Dasselbe. II. Mitteilung. Oktav. 1902 1.--

- und J.Precht, Ueber die magnetische Zerlegung der Radiumlinien. Oktav. 1904 1.--

Schaefer, C., Ueber die Beugung elektromagnetischer Wellen an isolierenden zylindrischen Hindernissen. Oktav. 1909 2.--

- und Helene Stallwitz, Untersuchungen über ein zweidimensionales Dispersionsproblem. 12 S. Oktav. 1913 1.--

Schaudinn, F., Untersuchungen über den Generationswechsel von Trichosphaerium Sieboldi Schn. Mit 6 Tafeln. Quart. 1899 7.--

Scheel, K., und W.Heuse, Die spezifische Wärme von Helium und einigen zweiatomigen Gasen zwischen + 20 und - 180°. 5 S. Oktav. 1913 1.--

Scheffers, G., Bestimmung des günstigsten Zielpunktes. 12 S. Oktav. 1915 1.--

Schmidt, A., Ueber die Bestimmung des allgemeinen Potentials beliebiger Magnete und die darauf begründete Berechnung ihrer gegenseitigen Einwirkung. Oktav. 1907 2.--

- Ueber Schwingungen in einem unregelmässig veränderlichen Kraftfelde. Oktav. 1917 1.--

Schottky, W., Gesetz des Tiefempfangs in der Akustik und Elektrodynamik. Oktav. 1926 1.--

Schrödinger, E., Bemerkungen über die statistischen Entropiedefinition beim idealen Gas. Oktav. 1925 1.--

- Die Energiestufen des idealen einatomigen Gasmodells. Oktav. 1926 1.--

Schwarzschild, K., Ueber die Häufigkeit und Leuchtkraft der Sterne von verschiedenem Spektraltypus. 22 S. Oktav. 1914 2.--

- Ueber Diffusion und Absorption in der Sonnenatmosphäre. 18 S. Oktav. 1914 2.--

- Ueber die Verschiebungen der Bande bei 3883 A im Sonnenspektrum. 13 S. Oktav. 1914 1.--

Siedentopf, H., Ueber ein Mikrospektralphotometer nach Engelmann mit Gitterspektrum. Oktav. 1902 1.--

- Ueber ein Mikrospektralobjektiv nach Engelmann mit ausklappbaren geradsichtigen Gittern nach Thorp und ausklappbarem Polarisator. Oktav. 1902 1.--

Simon, F., Thermisch erregte Quantensprünge in festen Körpern. Oktav. 1926 1.--

Stark, J., Ueber die Spektra des Sauerstoffs (Doppler-Effekt bei Kanalstrahlen). Oktav. 1908 2.--

- Beobachtungen über den Effekt des elektrischen Feldes auf Spektrallinien. 15 S. Oktav. 1913 1.--

- R.Künzer und G.Wendt, Ein-, zwei- und dreiwertige Linien des Aluminiums in den Kanalstrahlen. 12 S. Oktav. 1913 1.--

- und W. Steubing, Ueber die spektrale Intensitätsverteilung der Kanalstrahlen in Wasserstoff. Oktav. 1908 | 1.--

Valentiner, S., und M. Rössiger, Ueber Oekonomie der Fluoreszenzstrahlung. Oktav. 1924 | 1.--

- und R. Schmidt, Ueber eine neue Methode der Darstellung von Neon, Krypton, Xenon. Oktav. 1905 | 1.--

Vogel, H.C., Einige Bemerkungen über den Kirchhoffschen Spektralapparat. Oktav. 1898 | 1.--

Wagner, K.W., Der physikalische Vorgang beim elektrischen Durchschlag von festen Isolatoren. Oktav. 1922 | 1.--

- Plan einer Fernsprechkabelverbindung zwischen Europa und Amerika. Oktav. 1929 | 1.--

Warburg, E., Ueber die Verzögerung bei der Funkenentladung. Oktav. 1897 | 1.--

- Ueber die Entstehung der Spitzenentladung. Oktav. 1898 | 1.--
- Ueber Positive und negative Spitzenentladung in reinen Gasen. Oktav. 1899 | 1.--
- Ueber die Bildung des Ozons bei der Spitzenentladung in Sauerstoff. Oktav. 1900 | 1.--
- Ueber spontane Desozonisierung. Oktav. 1901 | 1.--
- Ueber den Einfluss der Temperatur auf die Spitzenentladung. Oktav. 1902 | 1.--
- Ueber die Ozonisierung des Sauerstoffs durch stille elektrische Entladungen. Oktav. 1903 | 1.--
- Ueber die Ursache des Voltaeffekts. Nach Versuchen des Herrn Greinacher mitgeteilt. Oktav. 1904 | 1.--
- Ueber die Reflexion der Kathodenstrahlen an dünnen Metallblättchen. Oktav. 1905 | 1.--

Weber, H., Ueber die Diffentialgleichungen der elektrolytischen Verschiebungen. Oktav. 1897 | 1.--

Weitzenböck, R., Differentialvarianten in der Einsteinschen Theorie des Fernparallelismus. Oktav. 1928 | 1.--

Weyl, H., Ueber die Starrheit der Eiflächen und konvexen Polyeder. Oktav. 1917 | 2.--

- Zur Theorie der Darstellung der einfachen kontinuierlichen Gruppen. Oktav. 1924 | 1.--

Wiedemann, G., Ueber die Bestimmung des Ohm. Mit 2 Tafeln. Quart. 1885 | 4.50

Wien, W., Bestimmung der mittleren freien Weglänge der Kanalstrahlen. 14 S. Oktav. 1911 | 1.--

- Zur Theorie der elektrischen Leitung in Metallen. 17 S. Oktav. 1913 | 2.--
- Ueber eine von der elektromagnetischen Theorie geforderte Einwirkung des magnetischen Feldes auf die von Wasserstoffkanalstrahlen ausgesandten Spektrallinien. 5 S. Oktav. 1914 | 1.--

Zimmermann, H., Ueber grosse Schwingungen im widerstehenden Mittel und ihre Anwendung zur Bestimmung des Luftwiderstandes. Oktav. 1907 | 2.50

- Die Knickfestigkeit des geraden Stabes mit mehreren Feldern. 2. Auflage. Oktav. 1909 | 2.50

- Das Stabeck auf elastischen Einzelstützen mit Belastung durch längsgerichtete Kräfte. (2.Auflage). Oktav. 1907 — 1.--
- Der gerade Stab auf elastischen Einzelstützen mit Belastung durch längsgerichtete Kräfte. 2.Auflage. Oktav. 1907 — 1.--
- Einfluss des Vorzustandes auf das Knicken gerader Stäbe. Oktav. 1921 — 1.--
- Lagerungen bei Knickversuchen und ihre Fehlerquellen. Oktav. 1922 — 1.--
- Die Grössen s und t der Knicktheorie. Oktav. 1923 — 1.--
- Formänderungen gekrümmter Stäbe durch Druck. Oktav. 1923 — 1.--
- Die Knickfestigkeit von Stäben mit nicht gerader Achse. Oktav. 1923 — 2.--
- Die Knickfestigkeit offener und geschlossener Stabzüge (Stabringe). Oktav. 1924 — 1.--
- Die Knickfestigkeit gekrümmter Stäbe mit elastischer Einspannung. Oktav. 1924 — 1.--
- Die Knickfestigkeit der Stabringe. Oktav. 1925 — 1.--
- Der Begriff der Knickgrenze. Oktav. 1925 — 1.--
- - II. Oktav. 1925 — 1.--
- Die Knickfestigkeit der Stabverbindungen mit Form- und Belastungsfehlern. Oktav. 1926 — 1.--
- Die Formänderungen gekrümmter Stäbe bei Längs- und Querbelastung. Oktav. 1926 — 2.--
- Die Knickfestigkeit von Stäben mit Querbelastung. Oktav. 1926 — 1.--
- Besonderes vom Knicken. Oktav. 1929 — 1.--

15. Chemie

Beckmann, E., Studien über Schwefel, Selen und Tellur. 9 S. Oktav. 1913 1.--

- Verfahren zur Prüfung der Luft auf Gehalt an brennbaren Stoffen. Nach gemeinsamen Versuchen mit Kurt Steglich. 13 S. Oktav. 1914 1.--
- Chemische Bestimmungen des Nährwertes von Holz und Stroh. Nach gemeinsamen Versuchen mit W.Lenz und E.Bark. 7 S. Oktav. 1915 1.--
- Seetang als Ergänzungsfuttermittel. Mit gemeinsamen Versuchen mit E.Bark. 7 S. Oktav. 1915 1.--
- Beschaffung der Kohlehydrate im Kriege. Oktav. 1919 1.--
- Gedächtnisrede auf Emil Fischer. Oktav. 1920 1.--
- und E.Bark, Seetang als Ergänzungsfuttermittel. II. Unter Mitwirkung von Dr.W.Lenz und Prof.Dr.N.Zuntz. 25 S. Oktav 1916 2.--
- und Dehn, Einwirkung von Furfurol auf Phenole. Oktav. 1918 2.--
- und Knipping, Gerät zur Uebermittlung von geheimen Lichtsignalen. Oktav. 1920 1.--

Behn, U., Ueber das Verhältnis der mittleren (Bunsenschen) Kalorie zur 15°-Kalorie. Oktav. 1905 1.--

Bodenstein, M., Kettenreaktionen. Oktav. 1928 1.--

Boeke, H.E., Die künstliche Darstellung des Rinneit auf Grund seines Löslichkeitsdiagramms. Oktav. 1909 1.--

Bonhoeffer, K.F., und P.Harteck, Experimente über Para- und Orthowasserstoff. Oktav. 1929 1.--

Born, M., und F.Stumpf, Ueber anisotrope Flüssigkeiten. Zweite Mitteilung. Die Temperaturabhängigkeit der Brechungsindizes senkrecht zur optischen Achse. 18 S. Oktav. 1916 2.--

Eggert, J., und W.Noddack, Ueber die Prüfung des photochem. Aequivalentgesetzes an der photographischen Trockenplatte. Oktav. 1921 1.--

- - Zur Prüfung des photochem. Aequivalentgesetzes an Trockenplatten II. Oktav. 1923 1.--

Fischer, E., Ueber die Konstitution des Kaffeins, Xanthins, Hypoxanthins und verwandter Basen. Oktav. 1897 1.--

- Ueber aromatische Derivate der Harnsäure. Oktav. 1900 1.--
- Ueber die Ester der Aminosäuren. Oktav. 1900 2.--
- Synthese der $\alpha.\delta$-Diaminovaleriansäure. Oktav. 1900 1.--
- Synthese von Derivaten der Polypeptide. Oktav. 1903 1.--
- Die Chemie der Proteine und ihre Beziehungen zur Biologie. 2.Auflage. Oktav. 1907 2.--
- Ueber Spinnenseide. Oktav. 1907 1.--
- Synthese von Polypeptiden. Oktav. 1908 1.--
- Gedächtnisrede auf Jacobus Henricus van't Hoff. 16 S. Quart. 1911 1.--

- Isomerie der Polypeptide. 19 S. Oktav. 1916 2.--
- Synthese von Dipsiden, Flechtenstoffen und Gerbstoffen II. Oktav. 1918 2.--
- und E.Abderhalden, Ueber das Verhalten verschiedener Polypeptide gegen Pankreasferment. Oktav. 1905 1.--
-- Bildung von Polypeptiden bei der Hydrolyse der Proteine. Oktav. 1907 2.--
- und F.Ach, Ueber die Isomerie der Methylharnsäuren. Oktav. 1899 2.--
- und E.F.Armstrong, Ueber die isomeren Acetohalogen-Derivate des Traubenzuckers. Oktav. 1901 1.--
- - Synthese einiger neuen Disaccharide. Oktav. 1901 1.--
- und E.Flatau, Optisch aktive propylisopropylcyanessigsäure. Oktav. 1919 1.--
- und H.Leuchs, Ueber Serin und Isoserin. Oktav. 1902 1.--
- und K.Raske, Beitrag zur Stereochemie der 2.5-Diketopiperazine. Oktav. 1906 1.--
- und G.Roeder, Synthese des Thymins und anderer Uracile. Oktav. 1901 1.--
- und M. Slimmer, Ueber asymmetrische Synthese. Oktav. 1902 1.--
- und U. Suzuki, Polypeptide der Diaminosäuren. Oktav. 1904 1.--
- und F.Weigert, Synthese der α, ε -Diaminocapronsäure. Oktav. 1902 1.--
- und F. Wrede, Ueber die Verbrennungswärme einiger organischer Verbindungen. Oktav. 1904 2.--
- - Ueber die Bestimmung der Verbrennungswärme organischer Verbindungen mit Benutzung des Platinwiderstandsthermometers. Oktav. 1908 2.--
- und H.Scheibler, Zur Kenntnis der Waldenschen Umkehrung II.Verwandlungen der β -Aminobuttersäure. 21 S. Oktav. 1911 2.--
- und H.O.L.Fischer, Synthese der O.-Diorsellinsäure. 6 S. Oktav. 1913 1.--
- und M.Rapaport, Ueber die Carbomethoxyderivate der Phenolcarbonsäuren und ihre Verwendung für Synthese. IX. 14 S. Oktav. 1913 1.--
- und K.Zach, Reduktion der Azetobromglukose und ähnlicher Stoffe. 7 S. Oktav. 1913 1.--
- Ueber Phosphorsäureester des Methylglukosids und Theophyllinglukosids. 13 S. Oktav. 1914 1.--
- und F.Brauns, Verwandlung der d-Isopropyl-malonaminsäure in den optischen Antipoden durch Vertauschung von Karboxyl und Säureamidgruppe. 14 S. Oktav. 1914 1.--
- und W.Brieger, Studien über die Allyl-propyl-cyanessigsäure. Eine neue Prüfung der Theorie des asymmetrischen Kohlenstoffatoms. 15 S. Oktav. 1915 1.--
- und Osman Nouri, Synthese der Phloretins. 8 S. Oktav. 1916 1.--
- und M.Bergmann, Ueber neue Galloylderivate des Traubenzuckers und ihren Vergleich mit der Chebulinsäure. 25 S. Oktav. 1916 2.--

- und H.Noth, Teilweise Acylierung der mehrwertigen Alkohole und Zucker. IV. Derivate der d-Glucose und d-Fructose. 34 S. Oktav. 1916 2.50

- und Gerda Anger, Synthese des Linamarins. 10 S. Oktav. 1918 1.--

Gehrcke, E., und E.Lau, Ueber das Viellinienspektrum des Wasserstoffs. Oktav. 1922 1.--

- - II. Mitteilung. Oktav. 1923 1.--

Goldstein, E., Ueber die Phosphoreszenz anorganischer chemischer Präparate. Oktav. 1900 1.--

Grunmach, L., Experimentelle Bestimmung von Kapillaritätskonstanten kondensierter Gase. Oktav. 1900 1.--

- Experimentelle Bestimmung der Oberflächenspannung flüssiger Luft. Oktav. 1901 1.--

- Experimentelle Bestimmung der Oberflächenspannung und das Molekulargewichts von verflüssigtem Stickstoffoxydul. Oktav. 1904 1.--

- Experimentelle Bestimmung der Oberflächenspannung von verflüssigtem Sauerstoff und verflüssigtem Stickstoff. Oktav. 1906 1.--

Haber, F., Beitrag zur Kenntnis der Metalle. Oktav. 1919 1.--

- Zweiter Beitrag zur Kenntnis der Metalle. Oktav. 1919 2.--

- Ueber die Rolle der Elektrizitätsträger bei der Explosion brennbarer Gase im Gemisch mit Luft. Oktav. 1929 1.--

- und H.D.Graf von Schweinitz, Ueber Zündung des Knallgases durch Wasserstoffatome. Oktav. 1928 1.--

Hahn, O., Das Protactinium als radioaktives und als chemisches Element. Oktav. 1927 1.--

- Atomumwandlungen und ihre Bedeutung für Chemie und Physik. Oktav. 1929 1.--

Hofmann, K.A., Nitrit-Nitratbildung aus Amonniak und Sauerstoff an alkalischen Oeberflächen. Oktav. 1928 1.--

Kohlrausch, F., Statistik der Löslichkeit einer Gruppe von Salzen im Wasser bei mittlerer Temperatur. Oktav. 1897 1.--

- Ueber den stationären Temperaturzustand eines von einem elektrischen Strome erwärmten Leiters. Oktav. 1899 1.--

- Ueber das elektrische Leitvermögen von Lösungen der Alkali-Jodate und eine Formel zur Berechnung von Leitvermögen. Oktav. 1900 1.--

- Ueber den Temperatureinfluss auf das elektrische Leitvermögen von Lösungen, insbesondere auf die Beweglichkeit der einzelnen Ionen im Wasser. Oktav. 1901 1.--

- Ueber die Temperaturkoeffizienten der Ionen im Wasser, insbesondere über ein die einwertigen Elemente umfassendes Gesetz. Oktav. 1902 1.--

- und F.Dolezalek, Die Löslichkeit des Bromsilbers und Jodsilbers im Wasser. Oktav. 1901 1.--

- und E.Grüneisen, Ueber die durch sehr kleine elastische Verschiebungen entwickelte Kräfte. Oktav. 1901 1.--

- - Das Leitvermögen wässriger Lösungen von Elektrolyten mit zweiwertigen Ionen. Oktav. 1904 1.--

- und M.E.Maltby, Das elektrische Leitvermögen wässriger Lösungen von Alkali-Chloriden und Nitraten. Oktav. 1899 1.--

- und F.Mylius, Ueber wässrige Lösungen des Magnesiumoxalats. Oktav. 1904 | 1.--

- und H.Steinweber, Weitere Untersuchungen über das Leitvermögen von Elektrolyten. Oktav. 1902 | 1.--

Kutscher, F., Zur Kenntnis der Amidosäuren der Reihe $C_n H_{2n} + {}_1NO_2$. Oktav. 1902 | 1.--

Kutscher, F., und G.Zickgraf, Die Bildung von Guanidin bei Oxydation von Leim mit Permanganaten. Oktav. 1903 | 1.--

Ladenburg, R., und E.Kopfermann, Die anomale elektrische Doppelbrechung des Natriumdampfes. Oktav. 1925 | 1.--

- H.Kopfermann und A.Carst, Untersuchungen über die anomale Dispersion angeregter Gase. Oktav. 1926 | 2.--

Landolt, H., Untersuchungen über die fraglichen Aenderungen des Gesamtgewichtes chemisch sich umsetzender Körper. 2.Mitteilung. Oktav. 1906 | 2.50

- Ueber die Erhaltung der Masse bei chemischen Umsetzungen. Quart. 1910 | 8.--

Luther, R., und F.Weigert, Ueber umkehrbare photochemische Reaktionen im homogenen System. I.Anthrazen und Dianthrazen. Oktav. 1904 | 1.--

Martens, A., Zustandsänderungen der Metalle infolge von Festigkeitsbeanspruchungen. Oktav. 1910 | 1.--

- Ueber die Messung grosser Kräfte im Materialprüfungswesen. 10 S. Oktav. 1912 | 1.--

Nacken, R., Ueber die Mischfähigkeit des Glaserits mit Natriumsulfat und ihre Abhängigkeit von der Temperatur. Oktav. 1910 | 1.--

Nernst, W., und W.Noddack, Zur Theorie photochemischer Vorgänge. Oktav. 1923 | 1.--

Noddack, W., und Ida Tacke, Zwei neue Elemente der Mangangruppe. Chemischer Teil.
Otto Berg und Ida Tacke, Röntgenspektroskopischer Teil. Oktav. 1925 | 1.--

Rosenthal, J., Zerlegung hochkomplizierter chemischer Verbindungen im schwankenden magnetischen Kraftfeld. Oktav. 1908 | 1.--

Schlenk, W., Ueber die Bedeutung der Radikale für die organische Chemie. Oktav. 1927 | 1.--

Warburg, E., Ueber den Energieumsatz bei photochemischen Vorgängen in Gasen. III. Photochemische Desozonisierung. 16 S. Oktav. 1913 | 1.--

- - IV. Einfluss der Wellenlänge und des Drucks auf die photochemische Ozonisierung. 14 S. Oktav. 1914 | 1.-

- - V. Absorption ultravioletter Strahlung durch Sauerstoff. 13 S. Oktav. 1915 | 1.--

- - VI. Photolyse des Bromwasserstoffs. 16 S. Oktav. 1916 | 1.--

- Ueber den Energieumsatz bei photochemischen Vorgängen in Gasen. VII. Photolyse des Jodwassers. 18 S. Oktav. 1918 | 2.--

- - VIII. Oktav. 1918 | 2.--

- - IX. Oktav. 1919 | 1.--

- und G.Leithäuser, Ueber die Oxydation des Stickstoffs bei der Wirkung der stillen Entladung auf atmosphärische Luft, Mitteilung aus der Physikalisch-technischen Reichsanstalt. Oktav. 1907 — 1.--

- - Ueber die Analyse der Stickoxyde durch ihre Absorptionsspektra im Ultrarot. Oktav. 1908 — 1.--

Weigert, Dr.Fr., und K.Kellermann, Zur Photochemie des Chlorknallgases. Oktav. 1922 — 1.--

Will, L., Kolloidale Substanz als Energiequelle für die mikroskopischen Schusswaffen der Coelenteraten. Mit 10 Textfiguren. 28 S. Quart. 1914 — 1.50

Wohlgemuth, J., und M.Strich, Untersuchungen über die Fermente der Milch und über deren Herkunft. Oktav. 1910 — 1.--

16. Mineralogie, Geologie

Bauer, M., Beiträge zur Kenntnis der niederhessischen Basalte. Oktav. 1900 — 2.--

- Vorläufiger Bericht über weitere Untersuchungen im niederhessischen Basaltgebiet. Oktav. 1903 — 1.--
- Vorläufige Mitteilung über die Eruptivgesteine am Westrande des niederrheinischen Basaltgebiets nördlich von der Eder. Oktav. 1910 — 1.--

Baumhauer, H., Ueber die krystallographischen Verhältnisse des Jordanit. Oktav. 1900 — 1.--

- Ueber den Seligmannit, ein neues, dem Bournonit homöomorphes Mineral aus dem Dolomit des Binnentals. Oktav. 1901 — 1.--
- Ueber die Aufeinanderfolge und die gegenseitigen Beziehungen der Krystallformen in flächenreichen Zonen. Oktav. 1904 — 1.--
- Ueber die regelmässige Verwachsung von Rutil und Eisenglanz. Oktav. 1906 — 1.--

Bergt, W., Das Gabbromassiv im bayrisch-böhmischen Grenzgebirge. Oktav. 1905 — 1.--

- - Zweiter Bericht. Oktav. 1906 — 1.--

Beyrich, E., Ueber den Zusammenhang der norddeutschen Tertiärbildungen zur Erläuterung einer geologischen Uebersichtskarte. Mit 1 Karte. Quart. 1856 — 2.--

- Ueber die Crinoiden des Muschelkalks. Mit 2 Kupfertafeln. Quart. 1857 — 2.50
- Ueber Semnopithecus Penthelicus. Mit 1 lithogr. Tafel. Quart. 1861 — 1.40
- Ueber eine Kohlenkalk-Fauna von Timor. Quart. 1865 — 2.60
- Ueber einige Cephalopoden aus dem Muschelkalk der Alpen und über verwandte Arten. Mit 5 Tafeln. Quart. 1867 — 3.60

Branca, W. (früher Branco), Das vulkanische Vorries und seine Beziehungen zum vulkanischen Riese bei Nördlingen. Mit 1 Tafel. Quart. 1903 — 5.50

- Die Gries-Breccien des Vorrieses als von Spalten unabhängige, früheste Stadien embryonaler Vulkanbildung. Oktav. 1903 — 1.--
- Zur Spaltenfrage der Vulkane. Oktav. 1903 — 2.--
- Die Anwendung der Röntgenstrahlen in der Paläontologie. Mit 4 Tafeln und 13 Textfiguren. Quart. 1906 — 5.--
- Fossile Flugtiere und Erwerb des Flugvermögens. Quart. 1908 — 2.--
- Nachtrag zur Embryonenfrage bei Ichthyosaurus. Oktav. 1908 — 1.--
- Sind alle im Innern von Ichthyosauren liegenden Jungen ausnahmslos Embryonen? Mit 1 Tafel. Quart. 1908 — 2.--
- Vorläufiger Bericht über die Ergebnisse der Trinil-Expedition der Akademischen Jubiläumsstiftung der Stadt Berlin. Oktav. 1908 — 1.--

- Müssen Intrusionen notwendig mit Aufpressung verbunden sein? Mit kurzer Anwendung auf das vulkanische Ries bei Nördlingen. 29 S. Oktav. 1912 — 2.—
- Ziele vulkanologischer Forschung. Eine Begründung des Antrages der Berliner Akademie der Wissenschaften auf Internationalisierung der vulkanologischen Forschung. Mit 1 Tafel. 47 S. Oktav. 1913 — 2.50
- Bericht über die mir zugegangenen Urteile der Fachgenossen, betreffend die in "Ziele vulkanologischer Forschung" von mir gemachten Vorschläge. 67 S. Quart. 1914 — 2.50
- Einige Betrachtungen über die ältesten Säuger der Trias- und Liaszeit. 77 S. Quart. 1915 — 3.—
- Die vier Entwicklungsstadien des Vulkanismus und die Frage seiner internationalen Erforschung. Oeffentlicher Vortrag am Friedrichstage. 18 S. Oktav. 1915 — 2.—
- Bisherige Ergebnisse der Untersuchung der von Dr. Reck in der Serengetisteppe, Deutsch-Ostafrika, ausgegrabenen Reste von Säugetieren. 19 S. Oktav. 1915 — 2.—
- Ueber die Bedeutung der magnetischen Erdbeben gegenüber den tektonischen. Oktav. 1917 — 2.—
- und E.Fraas, Das vulkanische Ries bei Nördlingen in seiner Bedeutung für Fragen der allgemeinen Geologie. Mit 2 Tafeln. Quart. 1901 — 8.—
- - Beweis für die Richtigkeit unserer Erklärung des vulkanischen Ries bei Nördlingen. Oktav. 1901 — 2.—
- - Das kryptovulkanische Becken von Steinheim. Mit 2 Tafeln. Quart. 1905 — 3.50
- - Die Lagerungsverhältnisse bunter Breccie an der Bahnlinie Donauwörth-Treuchtlingen und ihre Bedeutung für das Riesenproblem. Mit 1 Tafel. Quart. 1907 — 3.—

Brauns, R., Die zur Diabasgruppe gehörenden Gesteine des rheinischen Schiefergebirges. Oktav. 1905 — 1.—

Buch, L.v., Ueber Delthyris oder Spirifer und Orthis. Mit 2 Tafeln und 1 Tabelle. Quart. 1837 — 2.25
- Ueber den Jura in Deutschland. Mit 1 Karte und 2 Tafeln. Quart. 1837 — 4.—
- Ueber Productus oder Leptaena. Quart. Mit 2 Tafeln. 1842 — 2.—
- Ueber Ceratiten. Mit 7 Tafeln. Quart. 1849 — 5.—

Bücking, H., Ueber die Phonolithe der Rhön und ihre Beziehungen zu den basaltischen Gesteinen. Oktav. 1907 — 2.—
- Die Basalte und Phonolithe der Rhön, ihre Verbreitung und ihre chemische Zusammensetzung. Oktav. 1910 — 2.—

Dames, W., Die Plesiosaurier der süddeutschen Liasformation. Mit 5 Tafeln. Quart. 1895 — 6.—
- Ueber Brustbein-, Schulter- und Beckengürtel der Archaeopteryx. Oktav. 1897 — 2.—
- Gedächtnisrede auf Ernst Beyrich. Quart. 1898 — 1.—

Deecke, W., Der Strelasund und Rügen. Eine tektonische Studie. Oktav. 1906 — 1.—

Eberhard, G., Ueber die weite Verbreitung des Scandium auf der Erde. Oktav. 1908 — 2.—

Ehrenberg, Ch.G., Ueber den Grünsand und seine Erläuterung des organischen Lebens. Mit 4 Kupfertafeln in Farbendruck. Quart. 1856 7.--

- Beitrag zur Bestimmung des stationären mikroskopischen Lebens in bis 20 000 Fuss Alpenhöhe. Mit 3 Kupfertafeln. Quart. 1859 3.--

- Ueber die roten Erden als Speise der Guinea-Neger. Quart. 1868 2.20

- Ueber mächtige Gebirgsschichten, vorherrschend aus mikroskopischen Bacillarien unter und bei der Stadt Mexiko. Quart. 1869 4.50

- Ueber die wachsende Kenntnis des unsichtbaren Lebens als felsbildende Bacillarien in Kalifornien. Mit 3 Tafeln Abbildungen. Quart. 1870 6.--

- Fortsetzung der mikrogeologischen Studien als Gesamtübersicht der mikrogeologischen Paläontologie gleichartig analysierter Gebirgsarten der Erde, mit spezieller Rücksicht auf den Polycystinen-Mergel von Barbados. Mit 30 Tafeln. Quart. 1875 14.--

Erdmannsdörffer, O.H., Ueber Mischgesteine von Granit und Sedimenten. Oktav. 1912 1.--

- Ueber metamorphe Gesteine in Mazedonien. Oktav. 1920 1.--

Esch, E., Der Vulkan Etinde in Kamerun und seine Gesteine. Oktav. 1901 2.50

Fischer, E., Gedächtnisrede auf Jacobus Henricus van't Hoff. 16 S. Quart. 1911 1.--

Frech, F., Ueber den Gebirgsbau des Taurus in seiner Bedeutung für die Beziehungen der europäischen und asiatischen Gebirge. 20 S. Oktav. 1913 2.--

- und Carl Renz, Kreide und Trias im Kiona- und Ötagebiet. (Mittelgriechenland). 14 S. Oktav. 1911 1.--

Fredrich, C., Bericht über eine Bereisung der Inseln des Thrakischen Meeres und der nördlichen Sporaden. Oktav. 1905 1.--

Gorjanović-Kramberger, K., Die geotektonischen Verhältnisse des Agramer Gebirges und die mit denselben im Zusammenhang stehenden Erscheinungen. Mit 2 Tafeln. Quart. 1907 2.50

Gothan, W., Zur Entstehung des Gagats. Oktav. 1908 1.--

- Untersuchungen über die Entstehung der Lias Steinkohlenflöze bei Fünfkirchen (Pécs Ungarn). Oktav. 1910 1.--

Hoff, J.H.van't, Untersuchungen über die Bildungsverhältnisse der ozeanischen Salzablagerungen. Oktav.

XXVI. Die Bildung von Loeweit und deren untere Temperaturgrenze bei 43°. Mit A.o'Farelly. 1902 1.--

XXVII. Die künstliche Darstellung von Pinnoit. Mit G. Bruni. 1902 1.--

XXVIII. Die künstliche Darstellung von Kaliborit. 1902 1.--

XXX. Die isomorphen Mischungen: Glaserit, Arkanit, Aphtalose und Natronkalisimonyit. Mit H.Barschall. 1903 1.--

XXXI. Die untere Temperaturgrenze der Bildung von Vanthoffit bei 46°. Mit G.Just. 1903 1.--

XXXII. Die obere Existenzgrenze von Schönit, Magnesiumsulfat-hepta- und hexahydrat, Astrakanit, Leonit, und Kainit bei Anwesenheit von Steinsalz. Mit W. Meyerhoffer. 1903 1.--

XXXIII. Das Auftreten der Kalksalze Anhydrit, Glauberit, Syngenit und Polyhalit bei 25°. Mit F.Farup. 1903 — 1.--
XXXIV. Die Maximaltension der konstanten Lösungen bei 83°. Mit U.Grassi und R.B.Denison. 1904 — 1.--
XXXV. Die Zusammensetzung der konstanten Lösungen bei 83°. Mit H.Sachs und O.Biach. 1904 — 1.--
XXXVI. Die Mineralkombinationen (Paragenesen) von 25° bis 83°. Mit W.Meyerhoffer. 1904 — 1.--
XXXVII. Kaliumpentakalziumsulfat und eine dem Kaliborit verwandte Doppelverbindung. 1904 — 1.--
XXXVIII. Die Identität von Mamanit und Polyhalit. Mit G.L. Voerman. 1904 — 1.--
XXXIX. Bildungstemperaturen unterhalb 25°. Mit W.Meyerhoffer. 1904 — 1.--
XL. Existenzgrenze von Tachhydrit. Mit L.Lichtenstein. 1905 — 1.--
XLI. Die Bildungstemperatur des Kaliumpentakalziumsulfats. Mit G.L.Voerman und W.C.Blasdale. 1905 — 1.--
XLII. Die Bildung von Glauberit. 1905 — 1.--
XLIII. Der Kalziumgehalt der konstanten Lösungen bei 25° Mit W.C.Blasdale. 1905 — 1.--
XLIV. Existenzgrenze von Tachhydrit bei 83°. Mit J.d'Ans. 1905 — 1.--
XLV. Das Auftreten von Tinkal und oktaedrischem Borax. Mit W.C.Blasdale. 1906 — 1.--
XLVI. Anhydrit, Syngenit, Glauberit und Pentasalz bei 83° und das Entstehen von Chlorkalzium und Tachhydrit. Mit P.Farup und J.d'Ans. 1906 — 1.--
XLVII. Polyhalit und Krugit bei 83° Mit J.d'Ans. 1906 — 1.--
XLVIII. Existenzgebiet und Spaltung von Boronatrokalzit, Trikalziumpentaborat und die künstliche Darstellung von Pandermit. 1906 — 1.--
IL. Künstliche Darstellung von Colemanit. 1906 — 1.--
L. Franklandit und eine neue, dem Boronatrokalzit verwandte Verbindung. 1907 — 1.--
LI. Borokalzit und die künstliche Darstellung von Ascharit. Oktav. 1907 — 1.--
LII. (Schluss). Der Verband für die wissenschaftliche Erforschung der deutschen Kalisalzlagerstätten. Oktav. 1908 — 1.--

- und U.Behn, Die gegenseitige Verwandlung der Kalziummonoborate. Oktav. 1906 — 1.--
- Der Verband für die wissenschaftliche Erforschung der deutschen Kalisalzlagerstätten II. Oktav. 1910 — 1.--
- Ueber synthetische Formentwicklung. Oktav. II. 1910 — 1.--
- und U.Behn, Die gegenseitige Verwandlung der Kalziummonoborate. Oktav. 1906 — 1.--

Humboldt, A., Bericht über die naturhistorischen Reisen der Herren Ehrenberg und Hemprich durch Aegypten, Dongola Syrien, Arabien und den östlichen Abfall des Habessinischen Hochlandes in den Jahren 1820-25. Quart. 1826 — 1.--

Johnsen, A., Die Gesteine der Inseln S.Pietro und S.Antioco (Sardinien). Mit 3 Tafeln. 82 S. Quart. 1912 — 5.50

- Form und Brillanz der Brillanten. 1926. Oktav. — 1.--

Klein, C., Ueber Leucit und Analcim und ihre gegenseitigen Beziehungen. Oktav. 1897 — 2.50

- Die Anwendung der Methode der Totalreflexionen in der Petrographie. Oktav. 1898 — 1.--
- Ueber optische Anamalien des Granats und neuere Versuche, sie zu erklären. Oktav. 1898 — 2.--

- Optische Studien. I. Oktav. 1899 — 2.--
- - II. Oktav. 1902 — 1.--
- Das Krystallpolymeter, ein Instrument für krystallographisch-optische Untersuchungen. Oktav. 1900 — 1.--
- Ueber den Brushit von der Insel Mona (zwischen Haiti und Portorico). Oktav. 1901 — 1.--
- Die Meteoritensammlung der Kgl. Friedrich-Wilhelms-Universität zu Berlin am 5.Februar 1903. Oktav. 1903 — 2.50
- Die Meteoritensammlung der Kgl. Friedrich-Wilhelms-Universität zu Berlin am 21.Januar 1904. Oktav. 1904 — 2.50
- Ueber einen Zusammenhang zwischen optischen Eigenschaften und chemischer Zusammensetzung beim Vesuvian. Oktav. 1904 — 1.--
- Mitteilungen über Meteoriten. Oktav. 1904 — 1.--
- Ueber Theodolithgoniometer. Oktav. 1905 — 1.--
- Studien über Meteoriten, vorgenommen auf Grund des Materials der Sammlung der Universität Berlin. Mit 3 Tafeln. Quart. 1906 — 7.--

Klemm, G., Bericht über Untersuchungen an den sogenannten "Gneissen" und den metamorphen Schiefergesteinen der Tessiner Alpen. I. Oktav. 1904 — 2.--
- - II. Oktav. 1905 — 1.--
- - III. Oktav. 1906 — 1.--
- - IV. Oktav. 1907 — 1.--

Koken, E., Eleutherocercus, ein neuer Glyptodont aus Uruguay. Mit 2 Tafeln. Quart. 1888 — 2.--

Ktenas, K.A., Die Ueberschiebungen in der Pelopónnisos. I. Der Ithomiberg. Oktav. 1908 — 1.--

Kubierschky, K., Ueber ein eigentümliches Salzvorkommen im sog. Magdeburg-Halberstadter Becken. Mit einem Nachtrag von J.H.van't Hoff. Oktav. 1902 — 1.--

Liebisch, Th., Ueber die Rückbildung des kristallisierten Zustandes aus dem amorphen Zustande beim Erhitzen pyrogromischer Mineralien. Oktav. 1910 — 1.--
- Ueber Silberantimonide. Oktav. 1910 — 1.--
- Ueber den Schichtenbau und die elektrischen Eigenschaften des Zinnerzes. 9 S. Oktav. 1911 — 1.--
- Ueber die Fluoreszenz der Sodalith- und Willemitgruppe im ultravioletten Licht. 12 S. Oktav. 1912 — 1.--
- Kristallisationsvorgänge in ternären Systemen aus Chloriden von einwertigen und zweiwertigen Metallen. I. 17 S. Oktav. 1915 — 2.--
- Optische Beobachtungen am Quarz. Mit 4 Tafeln. 14 S. Oktav. 1916 — 1.--
- Ueber Kristalle mit optischem Drehungsvermögen. 19 S. mit 3 Tafeln. Oktav. 1918 — 2.--
- -Korreng, Kristallisationsvorgänge in binären Systemen aus Chloriden von einwertigen und zweiwertigen Metallen. Oktav. 1914 — 2.--
- und E.Vortisch, Kristallisationsvorgänge in ternären Systemen. II. Oktav. 1920 — 2.--

- und A.Wenzel, Die Interferenzfarben des Quarzes im polarisierten Licht. I. Oktav. 1917 — 2.--

- - Die Interferenzfarben des Quarzes und des Natriumchlorats im polarisierten Licht. II. Oktav. 1917 — 2.--

Lohmann, H., Untersuchungen über den Auftrieb der Strasse von Messina mit besonderer Berücksichtigung der Appendikularien und Challengerien. Oktav. 1899 — 2.--

- Untersuchungen über die Tier- und Pflanzenwelt, sowie über die Bodensedimente des Nordatlantischen Ozeans zwischen dem 38. und 50. Grade nördl.Breite. Mit 1 Tafel. Oktav. 1903 — 2.--

Meyer, R.J., Ueber einen skandiumreichen Orthit aus Finnland und den Vorgang seiner Verwitterung. 6 S. Oktav. 1911 — 1.--

Meyerhoffer, W., Untersuchung über die Bildung der ozeanischen Salzablagerungen, s. Hoff, J.H.van't.

Mitscherlich, E., Ueber die vulkanischen Erscheinungen in der Eifel und über die Metamorphie der Gesteine durch erhöhte Temperatur. Im Auftrage der Kgl.Akademie der Wissenschaften zu Berlin, herausg. von J,Roth. Mit 5 Tafeln. Quart. 1865 — 10.50

Nacken, R., Ueber die Grenzen der Mischkristallbildung zwischen Kaliumchlorid und Natriumchlorid. 9 S. Oktav. 1918 — 1.--

Potonie, H., Ueber rezente allochthone Humusbildungen. Oktav. 1908 — 1.--

- Eine Klassifikation der Kaustobiolithe. Oktav. 1908 — 1.--

Rammelsberg, C., Gedächtnisrede auf Heinrich Rose. Quart. 1865 — 1.10

- Ueber die chemische Natur der Glimmer. Quart. 1889 — 3.50

- Ueber die chemische Natur der Turmaline. Quart. 1890 — 3.50

Rinne, F., Beitrag zur Petrographie der Minahassa in Nord-Celebes. Oktav. 1900 — 2.--

Romberg, J., Geologisch-petrographische Studien im Gebiete von Predazzo. I. u. II. Oktav. 1902 — 2.50

- Geologisch-petrographische Studien in den Gebieten von Predazzo und Monzoni. III. Oktav. 1903 — 2.--

- Ueber die chemische Zusammensetzung der Eruptivgesteine in den Gebieten von Predazzo und Monzoni. Mit 1 Tafel. Quart. 1904 — 6.--

Rose, G., Ueber die heteromorphen Zustände der kohlensauren Kalkerde. Erste Abhandlung. Mit 4 Kupfertafeln. Quart. 1856 — 4.--

- - Zweite Abhandlung. Mit 3 Kupfertafeln. Quart. 1859 — 3.--

- Beschreibung und Einteilung der Meteoriten auf Grund der Sammlung im Mineralogischen Museum zu Berlin. Mit 4 Kupfertafeln. Quart. 1864 — 5.80

- Ueber die im Kalkspath vorkommenden hohlen Kanäle. Mit 3 Kupfertafeln. Quart. 1869 — 2.--

- und A.Sadebeck, Ueber die Krystallisation des Diamanten. Nach hinterlassenen Aufzeichnungen von Gustav Rose, bearbeitet von A.Sadebeck. Mit 4 Tafeln. Quart. 1876 — 4.--

Rosenbusch, K., Zur Deutung der Glaukophan-Gesteine. Oktav. 1898 — 1.--

- Ueber Euktolith, ein neues Glied der theralitischen Effusiomagmen. Oktav. 1899 — 1.--

Roth, J., Beiträge zur Petrographie der plutonischen Gesteine, gestützt auf die von 1879-1883 veröffentlichten Analysen. Quart. 1884 7.50

- Ueber den Serpentin und die genetischen Beziehungen desselben. Quart. 1870 1.40

- Ueber die Lehre vom Metamorphismus und die Entstehung der krystallinischen Schiefer. Quart. 1871 4.50

- Studien am Monte Somma. Quart. 1877 2.--

Sachs, A., Ueber die Krystallform des Rotnickelkieses. Oktav. 1902 1.--

Salomon, W., Neue Beobachtungen aus den Gebieten des Adamello und des St.Gotthard. Oktav. 1899 1.--

- Ueber neue geologische Aufnahmen in der östlichen Hälfte der Adamellogruppe. I.Bd. Oktav. 1901 1.--

- - II. Bd. Oktav. 1901 2.--

- Ueber die Lagerungsformen und das Alter des Adamello-tonalites. Oktav. 1903 1.--

Sauer, A., Geologische Beobachtungen im Aarmassiv. Oktav. 1900 1.--

Schwantke, A., Die Basalte des westlichen Nordgrönlands und das Eisen von Uifak. Oktav. 1906 1.--

Schweydar, W., Zur Erklärung der Bewegung der Rotationspole der Erde. Oktav. 1919 1.--

Schwietring, Fr., Ueber den Polarisationswinkel der durchsichtigen inaktiven Kristalle. 13 S. Oktav. 1911 1.--

Strasburger, E., Ueber Reduktionsteilung. Oktav. 1904 2.--

Tannhäuser, F., Vorstudien zu einer petrographisch-geologischen Untersuchung des Neuroder Gabbrozuges in der Grafschaft Glatz. Oktav. 1906 1.--

- Ergebnisse der petrographisch-geologischen Untersuchungen des Neuroder Gabbrozuges in der Grafschaft Glatz. Oktav. 1907 1.--

- Analysen des Neuroder Gabbrozuges. Oktav. 1908 1.--

Tornquist, A., Ueber mesozoische Stromatoporiden. Oktav. 1901 1.--

- Ergebnisse einer Bereisung der Insel Sardinien. Oktav. 1902 2.--

- Der Gebirgsbau Sardiniens und seine Beziehungen zu den jungen, zirkummediterranen Faltenzügen. Oktav. 1903 1.--

- Die Gliederung und Fossilführung der ausseralpinen Trias auf Sardinien. Oktav. 1904 2.--

- Vorläufige Mitteilung über die Algäu-Vorarlberger Flyschzone. Oktav. 1907 1.--

- Die Annahme der submarinen Erhebung des Alpenzuges und über Versuche, Vorstellungen über submarine Gebirgsbewegung zu erlangen. Oktav. 1909 2.--

- Ueber die ausseralpine Trias auf den Balearen und in Katalonien. Oktav. 1909 2.--

- Die Tektonik des tieferen Untergrundes Norddeutschlands. 15 S. Oktav. 1911 1.--

Vater, H., Einige Versuche über die Bildung des marinen Anhydrits. Oktav. 1900 2.--

Volz, W., Vorläufiger Bericht über eine Forschungsreise zur Untersuchung des Gebirgsbaues und der Vulkane von Sumatra in den Jahren 1904 bis 1906. Oktav. 1907 1.--

Wolff, F.v., Vorstudien zu einer geologisch-petrographischen Untersuchung des Quarzporphyrs der Umgegend von Bozen (Südtirol). Oktav. 1902 1.--

- Bericht über die Ergebnisse der petrographisch-geologischen Untersuchungen des Quarzporphyrs der Umgegend von Bozen. Oktav. 1905 1.--

17. Botanik

Baur, E., Ueber die infektiöse Chlorose der Malvaceen. Oktav. 1906 | 2.--

Braun, A., Ueber Chytridium, eine Gattung einzelliger Schmarotzergewächse auf Algen und Infusorien. Mit 5 Steindrucktafeln. Quart. 1856 | 4.--

- Ueber Parthenogenesis bei Pflanzen. Mit 1 lith. Tafel. Quart. 1857 | 2.60
- Ueber Polyembryonie und Keimung von Caelebogyne. Ein Nachtrag zu der Abhandlung über Parthenogenesis bei Pflanzen. Mit 6 Tafeln. Quart. 1860 | 6.--
- Fragmente einer Monographie der Characeen. Nach den hinterlassenen Manuskripten A.Brauns herausg. von O.Nordstedt. Mit 7 Tafeln. Quart. 1882 | 11.50

Burmeister, H., Neue Beobachtungen an Doedicurus giganteus. Mit 2 Tafeln Abbildungen. Quart. 1879 | 2.--

Correns, C., Untersuchungen über Geschlechtsbestimmungen bei Distelarten. 30 S. Oktav. 1916 | 2.--

- Ein Fall experimenteller Verschiebung des Geschlechtsverhältnisses. 33 S. Oktav. 1917 | 2.--
- Zur Kenntnis einfacher mendelnder Bastarde. 48 S. Oktav. 1918 | 2.--
- Fortsetzung der Versuche zur experimentellen Verschiebung des Geschlechtsverhältnisses. Oktav. 1918 | 2.--
- Vererbungsversuche mit buntblättrigen Sippen. I. Oktav. 1919 | 2.50
- - II. Oktav. 1919 | 3.--
- - III./V. zusammen. Oktav. 1920 | 2.--
- - VI./VII. zusammen. Oktav. 1922 | 2.--
- Zweite Fortsetzung der Versuche zur experimentellen Verschiebung des Geschlechtsverhältnisses. Oktav. 1921 | 2.--
- Das Zahlenverhältnis der Geschlechter. Oktav. 1923 | 1.--
- Ueber den Einfluss des Alters der Keimzellen I. (Dritte Fortsetzung der Versuche zur experimentellen Verschiebung des Geschlechtsverhältnisses.) Oktav. 1924 | 2.50
- Untersuchungen über polygame Blütenpflanzen I. Silene Roemeri Frio. Oktav. 1925 | 2.--
- Ueber die Erklärung der sogenannten Kristallisationskraft. Oktav. 1926 | 1.--

Eichler, A.W., Beiträge zur Morphologie und Systematik der Marantaceen. Quart. 1884 | 6.30

- Zur Entwicklungsgeschichte der Palmenblätter. Mit 5 Tafeln. Quart. 1885 | 4.--

Engler, A., Die systematische Anordnung der Monokotyledoneen Angiospermen. Quart. 1892 | 2.50

- Ueber die Hochgebirgsflora des tropischen Afrika. Quart. 1892 | 20.--

- Ueber die Gliederung der Vegetation von Usambara und der angrenzenden Gebiete. Quart. 1894 3.50
- Ueber die geographische Verbreitung des Zygophyllaceen im Verhältnis zu ihrer systematischen Gliederung. Mit 1 Tafel. Quart. 1896 2.--
- Ueber die geographische Verbreitung der Rutaceen im Verhältnis zu ihrer systematischen Gliederung. Quart. 1896 3.--
- Ueber die Vegetationsverhältnisse des Ulugurugebirges in Deutsch-Ostafrika. Oktav. 1900 2.--
- Ueber die Vegetationsverhältnisse des im Norden des Nyassa-Sees gelegenen Gebirgslandes. Oktav. 1902 2.--
- Ueber die Vegetationsverhältnisse des Somalilandes. Mit 1 Karte. Oktav. 1904 2.50
- Ueber floristische Verwandtschaft zwischen dem tropischen Afrika und Amerika sowie über die Annahme eines versunkenen brasilianischen-äthiopischen Kontinents. Oktav. 1905 2.50
- Ueber die Vegetationsverhältnisse von Haiai und des Galla-Hochlandes auf Grund der Expedition von Frhrn.v.Erlanger und O.Neumann. Oktav. 1906 2.--
- Beiträge zur Kenntnis der Pflanzenformationen von Transvaal und Rhodesia. (Ergebnisse einer Reise mit der British Association for the advancement of science im August und September 1905.) Oktav. 1906 2.50
- Pflanzengeographische Gliederungen von Afrika. Oktav. 1908 2.50
- Ueber Herkunft, Alter und Verbreitung extremer xerothermer Pflanzen. 58 S. Oktav. 1914 2.50
- Bedeutung der Araceen für die pflanzengeographische Gliederung des tropischen und extratropischen Ostasiens. Oktav. 1916 2.--
- Beiträge zur Entwicklungsgeschichte der Hochgebirgsflora. Quart. 1916 8.50
- und K.Krause, Ueber den anatomischen Bau der baumartigen Cyperacee Schoenodendron Bücheri Engl. aus Kamerun. Mit 2 Tafeln. 14 S. Quart. 1911 2.-

Göppert, H.R., Nachträge zur Kenntnis der Koniferenhölzer der paläozoischen Formationen. Aus dem Nachlass bearbeitet von G.Stenzel. Mit 12 Tafeln. Quart. 1888 9.--

Grönroos, H., Die Musculi biceps brachii und latissimo-condyloideus bei der Affengattung Hylobates im Vergleich mit den entsprechenden Gebilden der Anthropoiden und den Menschen. Mit 3 Tafeln. Quart. 1903 5.50

Haberlandt, G., Ueber das Sinnesorgan des Labellums der Pterostylis-Blüte. 12 S. Oktav. 1912 1.--
- Zur Physiologie der Zellteilung. II. Mitteilung. 16 S. Oktav. 1914 1.--
- Zur Entwicklungsphysiologie der Rhizoiden. Mit 1 Tafel. 18 S. Oktav. 1914 2.--
- Der Nährwert des Holzes. 15 S. Oktav. 1915 1.--
- Ueber Drüsenhaare an Wurzeln. 5 S. Oktav. 1915 1.--
- Blattepidermis und Lichtperzeption. 16 S. Oktav. 1916 1.--
- Ueber experimentelle Erzeugung von Adventivembryonen bei Oenothera Lamarckiana. Oktav. 1921 2.--

- Entwicklungserregung der Eizellen parthenogenetischer Kompositen. Oktav. 1921 2.--
- Entwicklungserregung der parthenogenetischen Eizellen von Marsilia Drummordii A.Br. Oktav. 1922 1.--
- Vorstufen und Ursachen der Adventivembryonen. Oktav. 1922 2.--
- Ueber die Ursache des Ausbleibens der Reduktionsteilung in den Samenanlagen einiger parthenogenetischer Anziospermen. Oktav. 1923 1.--
- Zur Entwicklungsphysiologie des Spaltöffnungsapparates. Oktav. 1924 1.--
- Ueber den Blattbau der Crataegomespili von Bronvaux und ihrer Eltern. Oktav. 1926 2.50
- Zur Zytologie und Physiologie des weiblichen Gametophyten von Oenothera. Oktav. 1927 2.--
- Zur Entwicklungsphysiologie des Periderms. Oktav. 1928 2.--
- Die Lage des Zellkerns in der Eizelle der Angiospermen und ihre physiologische Bedeutung. Oktav. 1928 1.--
- Ueber Regenerationsvorgänge bei Bryopsis und Codium. Oktav. 1929 1.--
- und N.Zuntz, Ueber die Verdaulichkeit der Zellwände des Holzes. Oktav. 1915 2.--

Hanstein, J., Ueber gürtelförmige Gefäss-Strangverbindungen im Stengelknoten dikotyler Gewächse. Mit 4 Tafeln. Quart. 1858 2.50

Humboldt, A., Bericht über die naturhistorischen Reisen der Herren Ehrenberg und Hemprich durch Aegypten, Dongola, Syrien, Arabien und den östlichen Abfall des Habessinischen Hochlandes in den Jahren 1820-25. Quart. 1826 1.--

Johow, F., Ueber Ornithophilie in der chilenischen Flora. Oktav. 1898 1.--

Karsten, H., Organographische Betrachtung der Zamia muricata Willd. Ein Beitrag zur Kenntnis der Organisationsverhältnisse der Cycadeen und deren Stellung im natürlichen Systeme. Mit 3 lithographierten Tafeln. Quart. 1857 2.40

Klotzsch, F., Philipp Schönleins botanischer Nachlass auf Kap Palmas. Mit 4 lithographierten Tafeln. Quart. 1857 2.40
- Ueber Abstammung der im Handel vorkommenden roten Chinarinde. Mit 2 lithographierten Tafeln. Quart. 1858 1.80
- Linnes natürliche Pflanzenklasse Tricoccae des Berliner Herbariums im allgemeinen und die natürliche Ordnung Euphorbiaceae insbesondere. Quart. 1860 3.20

Krabbe, G., Ueber das Wachstum des Verdickungsringes und der jungen Holzzellen in seiner Abhängigkeit von Druckwirkungen. Quart. 1884 4.50

Küster, E., Ueber Gewebespannungen und passives Wachstum bei Meeresalgen. Oktav. 1899 2.--

Lendenfeld, R.v., Die Gattung Stelleta. Unter Mitwirkung von F.E. Schulze bearbeitet. Mit 10 Tafeln. Quart. 1890 8.--

Lichtenstein, St., Applatination bei Algen, Hefen und Flaggelaten. Oktav. 1922 1.--

Lindau, G., Ueber das Vorkommen des Pilzes des Taumellolchs in altägyptischen Samen. Oktav. 1904 1.--

Lohmann, H., Untersuchungen über die Tier- und Pflanzenwelt sowie über die Bodensedimente des Nordatlantischen Ozeans zwischen dem 38. und 50. Grade nördl.Breite. Mit 1 Tafel. Oktav. 1903 — 2.--

Lorentz, P.G., Ueber die Moose, die H.Ehrenberg in den Jahren 1820-26 in Aegypten, der Sinaihalbinsel und Syrien gesammelt. Mit 15 Tafeln. Quart. 1868 — 6.--

Mildbraed, J., Die Vegetationsverhältnisse der zentralafrikanischen Seenzone vom Viktoria-See bis zu den Kiwu-Vulkanen. Bericht über die botanischen Ergebnisse der Expedition des Herzogs Adolf Friedrich zu Mecklenburg 1907-08. Oktav. 1909 — 2.--

Pringsheim, N., Beiträge zur Morphologie der Meeresalgen. Mit 8 Kupfertafeln.Quart. 1862 — 4.--

- Ueber den Gang der morphologischen Differenzierung in der Sphacelarienreihe. Mit 11 Tafeln. Quart. 1873 — 6.--

Samter, M., Die geographische Verbreitung von Mysis relicta, Pallasiella quadrispinosa, Pontoporeia affinis in Deutschland als Erklärungsversuch ihrer Herkunft. Mit 6 Tafeln. Quart. 1905 — 3.--

- und R.Heymons, Die Variationen bei Artiemia Salina Leach und ihre Abhängigkeit von äusseren Einflüssen. Quart. 1902 — 2.50

Schumann, K., Die Verbreitung der Cactaceae. Mit 2 Tafeln. Quart. 1899 — 5.50

Schweinfurth, G., Abyssinische Pflanzennamen. Eine alphabetische Aufzählung von Namen einheimischer Gewächse in Tigrinja sowie in andern semitischen und hamitischen Sprachen von Abyssinien, unter Beifügung der botanischen Artbezeichnung. Quart. 1893 — 6.--

Schwendener, S., Die Schutzscheiden und ihre Verstärkungen. Quart. 1882 — 6.--

- Die Gelenkpolster von Mimosa pudica. Mit 1 Tafel. Oktav. 1897 — 2.--
- Die Gelenkpolster von Phaseolus und Oxalis. Mit 1 Tafel. Oktav. 1898 — 1.--
- Ueber die Kontaktverhältnisse der jüngsten Blattanlagen bei Linaria spuria. Oktav. 1899 — 1.--
- Ueber den Öffnungsmechanismus der Antheren. Oktav. 1899 — 1.--
- Die Schumannschen Einwände gegen meine Theorie der Blattstellungen. Oktav. 1899 — 2.--
- Die Divergenzänderungen an den Blütenköpfen der Sonnenblumen im Verlaufe ihrer Entwicklung. Oktav. 1900 — 2.--
- Zur Theorie der Blattstellungen. Oktav. 1901 — 1.--
- Die Divergenzen kreisförmiger Organe in Spiralsystemen mit rechtwinklig gekreuzten Kontaktlinien und deren Grenzwerte. Oktav. 1901 — 1.--
- und G.Krabbe, Untersuchungen über die Orientierungstorsionen der Blätter und Blüten. Mit 3 Tafeln. Quart. 1892 — 6.30

Studer, T., Verzeichnis der Crustaceen, welche während der Reise S.M.S. Gazelle an der Westküste von Afrika, Ascension und dem Kap der guten Hoffnung gesammelt wurden. Quart. 1883 — 2.50

- Uebersicht über die Ophiuriden, welche während der Reise S.M.S. Gazelle um die Erde 1874-76 gesammelt wurden. Quart. 1883 3.50

- Isopoden, gesammelt während der Reise S.M.S. Gazelle um die Erde 1874-76. Quart. 1884 2.50

- Verzeichnis der während der Reise S.M.S. Gazelle um die Erde 1874-76 gesammelten Asteriden und Euryaliden. Quart. 1884 4.50

Thilenius, G., Vorläufiger Bericht über die Eiablage und erste Entwicklung der Hatteria punctata. Oktav. 1899 1.--

Tobler, F., Ueber Polymorphismus von Meeresalgen. Beiträge zur Kenntnis des Eigenwachstums der Zelle. Oktav. 1903 1.--

Tornier, G., Entstehen und Bedeutung der Farbkleidmuster der Eidechsen und Schlangen. Oktav. 1904 1.--

Willstätter, R., Ueber die Farbstoffe der Blüten und Früchte. 10 S. Oktav. 1914 1.--

- und H.Mallison, Ueber die Verwandtschaft der Anthocyane und Flavone. 9 S. Oktav. 1914 1.--

- und L.Zechmeister, Synthese des Pelargonidins. 8 S. Oktav. 1914 1.--

- und A.Stoll, Ueber die Assimilation ergrünender Blätter. 8 S. Oktav. 1915 1.--

- - Ueber die chemischen Einrichtungen des Assimilationsapparates. 25 S. Oktav. 1915 2.--

Zeise, O., Ueber die miocäne Spongienfauna Algeriens. Oktav. 1906 2.--

18. Zoologie

Allesch, G.J., Bericht über die drei ersten Lebensmonate eines Schimpansen. Oktav. 1921 — 1.--

Ballowitz, E., Ueber den Bau des Geruchtsorgans der Cyclostomata. Oktav. 1904 — 1.--

Brandes, G., Die Spermatozoen der Dekapoden. Oktav. 1897 — 1.--

Brauer, A., Ueber das Ei von Branchipus Grubii V. DYB von der Bildung bis zur Ablage. Mit 3 Tafeln. Quart. 1892 — 4.80

- Die Verbreitung der Hyracoiden. 10 S. Oktav. 1916 — 1.--
- Ueber Doppelbildungen des Scorpions (Euscorpius carpathicus L.) Oktav. 1917 — 1.--

Braus, H., Zur Entwicklungsgeschichte niederer Haie. Notizen über Vorkommen im Mittelmeer, Taxonomie, Eier und Eihüllen dieser Fische. Oktav. 1906 — 2.--

Dahl, Fr., Die Verbreitung der Tiere auf hoher See. II. Oktav. 1898 — 2.--

Dames, W., Die Plesiosaurier der süddeutschen Liasformation. Mit 5 Tafeln. Quart. 1895 — 6.--

- Ueber Brustbein-, Schulter- und Beckengürtel der Archaeptery x. Oktav. 1897 — 2.--
- Gedächtnisrede auf Ernst Beyrich. Quart. 1898 — 1.--

Edinger, L., Ueber das Gehirn von Myxine Glutinosa. Mit 3 Tafeln. Quart. 1906 — 4.50

Ehrenberg, Ch.G., Beobachtung einer auffallenden, bisher unerkannten Struktur des Seelenorgans bei Menschen und Tieren. Mit 6 Tafeln. Quart. 1836 — 8.--

- Ueber den Grünsand und seine Erläuterung des organischen Lebens. Mit 4 Kupfertafeln in Farbendruck. Quart. 1856 — 7.--
- Beitrag zur Bestimmung des stationären mikroskopischen Lebens in bis 20 000 Fuss Alpenhöhe. Mit 3 Kupfertafeln. Quart. 1859 — 3.--
- Ueber die seit 27 Jahren noch wohlerhaltenen Organisationspräparate des mikroskopischen Lebens. Mit 3 kolorierten Tafeln. Quart. 1862 — 4.80
- Ueber die roten Erden als Speise der Guinea-Neger. Quart. 1868 — 2.20
- Ueber mächtige Gebirgsschichten, vorherrschend aus mikroskopischen Bacillarien unter und bei der Stadt Mexiko. Quart. 1869 — 4.50
- Ueber die wachsende Kenntnis des unsichtbaren Lebens als felsbildende Bacillarien in Kalifornien. Mit 3 Tafeln Abbildungen. Quart. 1870 — 6.--
- Nachtrag zur Uebersicht der organischen Atmosphärilien. Mit 1 Tafel Abbildung. Quart. 1871 — 3.--
- Uebersicht der seit 1847 fortgesetzten Untersuchungen über das von der Atmosphäre unsichtbar getragene reiche organische Leben. Mit 2 Tafeln. Quart. 1871 — 7.50

- Fortsetzung der mikrogeologischen Studien als Gesamtübersicht der mikrogeologischen Paläontologie gleichartig analysierter Gebirgsarten der Erde, mit spezieller Rücksicht auf den Polycystinen-Mergel von Barbados. Mit 30 Tafeln. Quart. 1875 14.--

Fick, R., Beobachtungen am Orangkehlsack. Oktav. 1928 1.--

- Gedächtnisrede auf Franz Keibel. Oktav. 1929 2.--

Forsteri, J.R., descriptiones animalium in itinere ad maris australis terras per annos 1772-74 suscepto observatorum ed. H.Lichtenstein. Oktav. 1844 4.50

Friedenthal, H., Neue Versuche zur Frage nach der Stellung des Menschen im zoologischen System. Oktav. 1902 1.--

Hansemann, D.von, Die Lungenatmung der Schildkröten. Mit 2 Tafeln. 12 S. Oktav. 1915 1.--

Hartmann, M., Untersuchungen über die Morphologie und Physiologie des Formwechsels (Entwicklung, Fortpflanzung, Befruchtung und Vererbung) der Phytomonadinen (Volvocales). II.Mitteilung: Ueber die dauernde, rein agame Züchtung von Eudorina elegans und ihre Bedeutung für das Befruchtungs- und Todproblem. 17 S. Oktav. 1917 2.--

Heider, K., Ueber die Anlage der Keimblätter von Hydrophilus piceus L. Mit 2 Tafeln. Quart. 1885 5.--

- Ueber die Stellung der Gordiiden. Oktav. 1920 1.--
- Ueber die Beziehungen der Körperachsen zur Eiachse bei den Chordaten. Oktav. 1921 1.--
- Gedächtnisrede auf Franz Eilhard Schulze. Oktav. 1922 1.--
- Ueber Archianneliden. Oktav. 1922 1.--

Hensel, R., Ueber Hipparion mediterraneum. Mit 4 lithographierten Tafeln. Quart. 1861 4.20

- Beiträge zur Kenntnis der Säugetiere Süd-Brasiliens. Mit 3 Tafeln. Quart. 1872 7.--

Hertwig, O., Ueber einige am befruchteten Froschei durch Zentrifugalkraft hervorgerufene Mechanomorphosen. Oktav. 1897 1.--

- Strittige Punkte aus der Keimblattlehre der Wirbeltiere. Oktav. 1901 1.--
- Ueber eine neue Vorrichtung zum Photographieren der Ober- und Unterseite wagerecht liegender kleiner Objekte usw. Oktav. 1902 1.--
- Ueber Beziehungen des tierischen Eies zu dem aus ihm sich entwickelnden Embryo. Oktav. 1904 1.--
- Kritische Betrachtungen über neuere Erklärungsversuche auf dem Gebiete der Befruchtungslehre. Oktav. 1905 1.--
- Die Radiumstrahlung in ihrer Wirkung auf die Entwicklung tierischer Eier. Oktav. 1910 1.--
- Neue Untersuchungen über die Wirkung der Radiumstrahlung auf die Entwicklung tierischer Eier. 2.Mitteilung. Oktav. 1910 2.--
- Mesothoriumversuche an tierischen Keimzellen, ein experimenteller Beweis für die Idioplasmanatur der Kernsubstanzen. 30 S. Oktav. 1911 2.--
- Veränderung der idioplasmatischen Beschaffenheit der Samenfäden durch physikalische und durch cehmische Eingriffe. 4.Mitteilung. 18 S. Oktav. 1912 2.--

- Keimesschädigung durch chemische Eingriffe. 5.Mitteilung. Mit 1 Tafel. 9 S. Oktav. 1913 — 2.--
- Die Verwendung radioaktiver Substanzen zur Zerstörung lebender Gewebe. Mit 1 Tafel. 11 S. Oktav. 1914 — 1.--
- und H.Poll, Zur Biologie der Mäuseturmoren. Experimentelle Untersuchungen. Mit 2 farbigen Tafeln. Quart. 1907 — 4.--

Hesse, R., Die Stufenleiter der Organisationshöhe der Tiere. Oktav. 1929 — 1.--

Heymons, R., Die Segmentierung des Insektenkörpers. Mit 1 Tafel. Quart. 1895 — 2.--
- Grundzüge der Entwicklung und des Körperbaues von Odonaten und Ephemeriden. Mit 2 Tafeln. Quart. 1896 — 4.--
- Ueber Organisation und Entwicklung von Bacillus rossii Fabr. Oktav. 1897 — 1.--
- Mitteilungen über die Segmentierung und den Körperbau der Myriopoden. Oktav. 1897 — 1.--
- Zur Entwicklungsgeschichte der Chilopoden. Oktav. 1898 — 1.--
- Ueber bläschenförmige Organe bei den Gespenstheuschrecken. Oktav. 1899 — 1.--
- Biologische Beobachtungen an asiatischen Solifugen nebst Beiträgen zur Systematik derselben. Quart. 1902 — 2.50
- Die flügelförmigen Organe (Lateralorgane) der Solifugen und ihre Bedeutung. Oktav. 1904 — 1.--
- Die Variationen bei Artemia Salina Leach und ihre Abhängigkeit von äusseren Einflüssen, s.Samter, M.

Humboldt, A., Bericht über die naturhistorischen Reisen der Herren Ehrenberg und Hemprich durch Aegypten, Dongola, Syrien, Arabien und den östlichen Abfall des Habessinischen Hochlandes in den Jahren 1820-25. Quart. 1826 — 1.--

Isenschmidt, R., Zur Kenntnis der Grosshirnrinde der Maus. Mit 5 Tafeln. 46 S. Quart. 1911 — 4.50

Kalischer, O., Ueber Grosshirnexstirpationen bei Papageien. Oktav. 1900 — 1.--
- Weitere Mitteilung zur Grosshirnlokalisation bei den Vögeln. Oktav. 1901 — 1.--
- Das Grosshirn der Papageien in anatomischer und physiologischer Beziehung. Mit 6 Tafeln. Quart. 1905 — 7.--
- Zur Funktion des Schläfenlappens des Grosshirns. Eine neue Hörprüfungsmethode bei Hunden, zugleich ein Beitrag zur Dressur als physiologischer Untersuchungsmethode. Oktav. 1907 — 1.--

Keibel, F., Zur Augenentwicklung der Beuteltiere. Oktav. 1928 — 1.--

Koken, E., Eleutherocercus, ein neuer Glyptodont aus Uruguay. Mit 2 Tafeln. Quart. 1888 — 2.--

Krause, R., Ueber Bau und Funktion der hinteren Speicheldrüsen der Oktopoden. Oktav. 1897 — 1.--
- Untersuchungen über den Bau des Zentralnervensystems der Affen. Mit 3 Tafeln. Quart. 1899 — 3.50
- Die Endigung des Nervus acusticus im Gehörorgan des Flussneunauges. Oktav. 1905 — 2.--

- und S.Klempner, Untersuchungen über den Bau des Zentralnervensystems der Affen. Das Nachhirn vom Orang-Utan. Mit 2 Tafeln. Quart. 1904 3.--

- - Das Hinter- und Mittelhirn des Orang-Utan. Mit 4 Tafeln. Quart. 1904 4.50

Kükenthal, W., Versuch eines natürlichen Systems der Oktokorallen. Oktav. 1921 2.--

- Die Brustflosse des Buckelwales und ihre Entwicklung. Oktav. 1921 2.--

- Zur Stammesgeschichte der Wale. Oktav. 1922 1.--

Levy, F., Kernverhältnisse bei parthenogenetischen Fröschen. Oktav. 1920 1.--

Lichtenstein, H., Ueber die Gattung Mephitis. Quart. 1838 2.--

- Ueber einige nordamerikanische Hirscharten. Mit 1 lithographierten Tafel. Quart. 1857 1.60

Lohmann, H., Untersuchungen über die Tier- und Pflanzenwelt sowie über die Bodensedimente des Nordatlantischen Ozeans zwischen dem 38. und 50. Grade nördl. Breite. Mit 1 Tafel. Oktav. 1903 2.--

Ludwig, H., Jugendformen von Ophiuren. Oktav. 1899 2.--

- Notomysta, eine neue Ordnung der Seesterne. Oktav. 1910 2.--

Lühe, M., Beiträge zur Helminthenfauna der Berberei. Oktav. 1898 1.--

Marshall, W., Agilardiella radiata, eine neue Tetraktinellidenform mit radiärem Bau. Quart. 1884 1.50

Möbius, K., Bruchstücke einer Rhizopodenfauna der Kieler Bucht. Mit 5 Tafeln. Quart. 1889 3.--

- Ueber den Umfang und die Einrichtung des Zoologischen Museums in Berlin. Oktav. 1898 1.--

- Ueber die Grundlagen der ästhetischen Beurteilung der Säugetiere. Oktav. 1900 2.--

- Die Formen, Farben und Bewegungen der Vögel ästhetisch betrachtet. Oktav. 1904 1.--

- Die Formen und Farben der Insekten ästhetisch betrachtet. Oktav. 1905 1.--

- Können die Tiere Schönheit wahrnehmen und empfinden? Oktav. 1906 1.--

Moser, Fanny, Neue Beobachtungen über Siphonophoren. 9 S. Oktav. 1915 1.--

- Ursprung und Verwandtschaftsbeziehungen der Siphonophoren. Versuch einer Urmedusentheorie. Oktav. 1921 1.--

Müller, J., Ueber zwei verschiedene Typen in dem Bau der erektilen männlichen Geschlechtsorgane bei den straussartigen Vögeln und über ihre Entwicklungsformen dieser Organe unter den Wirbeltieren überhaupt. Mit 3 Tafeln. Folio. 1838 4.50

- Ueber die Lymphherzen der Schildkröten. Mit 1 Tafel. Quart. 1840 1.--

- Ueber die bisher unbekannten typischen Verschiedenheiten der Stimmorgane der Passerinen. Mit 6 Tafeln. 1847 7.--

- Echinodermen. II. Ueber die Larven und die Metamorphose der Echinodermen. Zweite Abhandlung. Mit 5 Tafeln. Quart. 1849 4.--

- Ueber neue Echinodermen des Eifeler Kalkes. Mit 4 Kupfertafeln. Quart. 1857 3.--
- Ueber die Thalassicollen, Polycistinen und Acanthometren des Mittelmeeres. Mit 11 Kupfertafeln. Quart. 1858 6.50

Neiding, M., Ueber die Kerne des Diencephalon bei einigen Säugetieren. Mit 7 Tafeln. 67 S. Quart. 1911 6.--

Peter, K., Untersuchungen über individuelle Variationen in der tierischen Entwicklung. Oktav. 1905 1.--

Peters, W., Ueber die Chiropterengattungen Mormops und Phyllostoma. Mit 2 Tafeln. Quart. 1857 2.--
- Ueber die Chiropterengattung Nyctophilus. Mit 1 Tafel. Quart. 1861 1.--
- Ueber einige merkwürdige Nagetiere (Spalacomys Indicus. Mus tomentosus und Mus squamipes) des Kgl. Zoologischen Museums. Mit 2 Tafeln. Quart. 1861 1.80
- Ueber Cercosaura und die mit dieser Gattung verwandten Eidechsen aus Süd-Amerika. Mit 3 Tafeln. Quart. 1863 3.40
- Ueber die Säugetiergattung Solenodon. Mit 3 Tafeln. Quart. 1863 2.50
- Ueber die Säugetiergattung Chiromys (Aye-Aye). Mit 4 Tafeln. Quart. 1866 2.20

Plate, L., Ueber primitive Organisationsverhältnisse, Nivipari und Brutpflege bei Chitonen. Oktav. 1898 1.--

Poll, H., Ueber Nebennieren bei Wirbellosen: die chrombraunen Zellen im Zentralnervensystem der Ringelwürmer. Mit 1 Tafel. Oktav. 1909 1.--

Rawitz, B., Die Fussdrüse der Opistobranchier. Mit 2 Tafeln. Quart. 1887 2.--

Reichert, C.B., Beiträge zur Entwicklungsgeschichte des Meerschweinchens. 1. Abhandlung. Mit 8 Kupfertafeln. Quart. 1862 6.80
- Beitrag zur feineren Anatomie der Gehörschnecke des Menschen und der Säugetiere. Mit 3 Tafeln. Quart. 1864 3.20
- Ueber die kontraktile Substanz (Sarkode, Protoplasma) und ihre Bewegungserscheinungen bei Polythalamien und einigen andern niedern Tieren. Mit 7 Tafeln. Quart. 1867 7.20
- Vergleichende anatomische Untersuchungen über Zoobotryon pellucidus (Ehrenberg). Mit 6 Tafeln. Quart. 1870 7.--
- Beschreibung einer frühzeitigen menschlichen Frucht im bläschenförmigen Bildungszustande nebst vergleichenden Untersuchungen über die bläschenförmigen Früchte der Säugetiere und des Menschen. Mit 5 Tafeln. Quart. 1873 5.--
- Zur Anatomie des Schwanzes der Ascidienlarven (Botryllus violaceus). Mit 5 Tafeln. Quart. 1875 4.--
- Ueber das vordere Ende der Chorda dorsualis bei frühzeitigen Haifisch-Embryonen (Acanthias vulgaris). Mit 2 Tafeln. Quart. 1878 4.50

Röthig, Paul, Zellenanordnungen und Faserzüge im Vorderhirn von Siren lacertina. Mit 6 Tafeln. 23 S. Quart. 1911 4.--

Rothmann, M., und E.Teuber, Aus der Anthropoidenstation auf Teneriffa. I.Ziele und Aufgaben der Station sowie erste Beobachtungen an den auf ihr gehaltenen Schimpansen. 20 S. Quart. 1915 1.--

Schneider, R., Ueber Eisenresorption in tierischen Organen und Geweben. Mit 3 Tafeln. Quart. 1888 | 4.--

- Verbreitung und Bedeutung des Eisens im animalischen Organismus. Oktav. 1922 | 1.--

Schultze, O., Ueber die Frage nach dem Einfluss des Lichtes auf die Entwicklung und Pigmentierung der Amphibieneier und Amphibienlarven. Oktav. 1905 | 1.--

- Zur Histogenese des Nervensystems. Oktav. 1908 | 1.--

Schulze, F.E., Ueber den Bau und das System der Hexactinelliden. Quart. 1886 | 4.--

- Zur Stammesgeschichte der Hexactinelliden. Quart. 1887 | 1.50

- Ueber die inneren Kiemen der Betrachierlarven.
  I. Mitteilung. Ueber das Epithel der Lippen, der Mund-, Rachen- und Kiemenhöhle erwachsener Larven von Pelobates fuscus. Mit 4 Tafeln. Quart. 1838 | 7.50
  II. Mitteilung. Skelett, Muskulatur, Blutgefässe, Filterapparat, respiratoirsche Anhänge und Atmungsbewegungen erwachsener Larven von Pelobates fuscus. Mit 6 Tafeln. Quart. 1892 | 6.--

- Ueber Trichoplax adhaerens. Mit 1 Tafel. Quart. 1891 | 1.50

- Hexactinelliden des indischen Ozeans.
  I. Hyalonematiden. Mit 9 Tafeln. Quart. 1894 | 9.--
  II. Hexasterophora. Mit 8 Tafeln. Quart. 1896 | 9.50
  III. Mit 7 Tafeln. Quart. 1900 | 7.--

- Revision des Systems der Asconematiden und Rosselliden. Oktav. 1897 | 2.50

- Zur Histologie der Hexactinelliden. Oktav. 1899 | 1.--

- Caulophacus articus (Armauer Hansen) und Calycosoma gracile F.E. Sch. nov. spec. Mit 2 Tafeln. 1903 | 2.--

- Beiträge zur Anatomie der Säugetierlungen. Oktav. 1906 | 2.--

- Zur Anatomie der Cetaceenlunge. Mit 1 Tafel. Oktav. 1908 | 1.--

- Die Lungen des afrikanischen Strausses. Mit 1 Tafel. Oktav. 1908 | 1.--

- Die Erhebungen auf der Lippen- und Wangenschleimhaut der Säugetiere. I. Ruminatia. Mit 3 Tafeln. 12 S. Oktav.1912 | 1.--

- - II. Mit 3 Tafeln. 12 S. Oktav.1913 | 1.--

- - III. Marsupialia. 23 S. Oktav. 1916 | 2.--

- - IV. Rodentia duplicidentata. Mit 2 Tafeln. 8 S. Oktav. 1916 | 1.--

- - V. Rodentia simplicidentata. A.Sciuromorpha. Mit 2 Tafeln. 12 S. Oktav. 1916 | 1.--

- Ueber die Alveolarbäumchen und die Löcher in den Alveolenscheidewänden der Säugetierlungen. Mit 1 Tafel. 9 S. Oktav. 1915 | 1.--

- und R.v.Lendenfeld, Ueber die Bezeichnung der Spongiennadeln. Quart. 1889 | 4.--

Virchow, H., Ueber Tenonschen Raum und Tenonsche Kapsel. Mit 2 Tafeln. Quart. 1902 | 3.--

- Gesichtsmuskeln des Schimpansen. Mit 10 Textfiguren und 4 Tafeln. 81 S. Quart. 1915 | 5.--

- Die Wirbelsäule des abessinischen Nashorns (Bicaros bicornis) nach Form zusammengesetzt. Oktav. 1910 2.--

Waldeyer, W., Das Gorilla-Rückenmark. Mit 12 Tafeln. Quart. 1889 12.--

Weissenberg, R., Ueber infektiöse Zellhypertrophie bei Fischen (Lymphocystiserkrankung. 13 S. Oktav. 1914 1.--

Will, L., Ueber die Verhältnisse des Urdarms und des Canalis neurentericus bei der Ringelnatter (Tropidonotus natrix). Oktav. 1898 1.--

19. Anatomie, Physiologie

Agadschanianz, K., Ueber die Kerne des menschlichen Kleinhirns. Mit 1 Tafel. 15 S. Quart. 1911 — 1.50

Aichel, O., Kausale Studie zum ontogenetischen und phylogenetischen Geschehen am Kiefer. Unter besonderer Berücksichtigung von Elephas und Manatus. 109 S. mit 5 Tafeln. Quart. 1918 — 7.--

Fick, R., Ueber die Entstehung der Gelenkformen. Quart. 1921 — 2.--

- Bemerkungen über Naturgesetz, Regel, Ursachenbegriff. Oktav. 1921 — 1.--
- Gedächtnisrede auf Wilh. v. Waldeyer-Hartz. Oktav. 1921 — 2.--
- Ueber die Fleischfaserlänge beim Hund und Bemerkungen über einige Gelenke des Hundes. Oktav. 1921 — 1.--
- Ueber die Gewichts- und Querschnittverhältnisse der Hundemuskeln. Oktav. 1922 — 2.50
- Tätigkeitsanpassung der Gelenke und Muskeln nach Versuchen am Hund. Oktav. 1922 — 2.50
- Ueber die Zwischenrippenmuskeln. Oktav. 1923 — 1.--
- Ueber die Massverhältnisse der Hand mit Angaben über die Hände von W.v.Waldeyer-Hartz. Oktav. 1923 — 2.--
- Einiges über Vererbungsfragen. Quart. 1924 — 2.50
- Anatomische Untersuchungen an einigen der Teneriffa-Schimpansen, namentlich über die Gewichts- und Querschnittverhältnisse der Muskeln. Oktav. 1925 — 2.50
- Ueber die Muskelfaserlänge des Armmuskels (m.brachialis) und seiner Abart (Speichenansatz) Oktav. 1925 — 1.--
- Bewegungsumfang im Schultergelenk, Oktav. 1928 — 2.--
- Gedächtnisrede auf Franz Keibel. Oktav. 1929 — 2.--

Fischer, E., Ueber die Konstitution des Kaffeins, Xanthins, Hypoxanthins und verwandter Basen. Oktav. 1897 — 1.--

- Ueber aromatische Derivate der Harnsäure. Oktav. 1900 — 1.--
- Ueber die Ester der Aminosäuren. Oktav. 1900 — 2.--
- Synthese der α, ε -Diaminovaleriansäuren. Oktav. 1900 — 1.--
- Synthese von Derivaten der Polypeptide. Oktav. 1903 — 1.--
- Die Chemie der Proteine und ihre Beziehungen zur Biologie. 2.Auflage. Oktav. 1907 — 2.--
- Synthese von Polypeptiden. Oktav. 1908 — 1.--
- Isomerie der Polypeptide. 19 S. Oktav. 1916 — 2.--
- und E.Abderhalden, Ueber das Verhalten verschiedener Polypeptide gegen Pankreasferment. Oktav. 1905 — 1.--

Flatau, E., Das Gesetz der excentrischen Lagerung der langen Bahnen im Rückenmark. Oktav. 1897 — 1.--

Fritsch, G., Vergleichende Untersuchungen menschlicher Augen. Oktav. 1900 — 2.--

- Rassenunterschiede der menschlichen Netzhaut. Mit 2 Tafeln. Oktav. 1901 2.--

- Die Retinaelemente und die Dreifarbentheorie. Mit 1 Tafel. Quart. 1904 1.50

Goldmann, E.E., Vitalfärbung am Zentralnervensystem. Beitrag zur Physio-Pathologie des Plexus choriodeus und der Hirnhäute. Mit 4 Tafeln. 60 S. Quart. 1913 4.50

Gorjanović-Kramberger, Der Unterkiefer der Eskimos (Grönländer) als Träger primitiver Merkmale. Oktav. 1910 1.--

Grönroos, H., Die Musculi biceps brachii und latissimo-condyloideus bei der Affengattung Hylobates im Vergleich mit den entsprechenden Gebilden der Anthropoiden und des Menschen. Mit 3 Tafeln. Quart. 1903 5.50

Haberlandt, G., Gedächtnisrede auf Simon Schwendener. Quart. 1919 -.75

- Zur Physiologie der Zellteilung. III. Mitteilung. Oktav. 1919 2.50

- - IV. Mitteilung. Oktav. 1919 1.--

- - V. Mitteilung. Oktav. 1920 1.--

- - VI. Mitteilung. Oktav. 1921 1.--

Hensen, V., Das Verhalten des Resonanzapparates im menschlichen Ohr. Oktav. 1902 1.--

Holtermann, C., Anatomisch-physiologische Untersuchungen in den Tropen. Oktav. 1902 2.--

Jacobsohn, L., Ueber die Kerne des menschlichen Rückenmarks. Mit 9 Tafeln. Quart. 1908 5.50

- Ueber die Kerne des menschlichen Hirnstamms (Medulla oblongata, pons und pedunculus cerebri). Mit 12 Tafeln. Quart. 1909 5.--

Jaekel, O., Ueber die Beurteilung der paarigen Extremitäten. Oktav. 1909 2.--

Keibel, F., Zum Kopfproblem. Oktav. 1924 1.--

Koch, R., Ueber die Unterscheidung der Trypanosomenarten. Oktav. 1905 1.--

Kopsch, F., Das Rückenmark von Elephas indicus. Mit 1 Doppeltafel. Quart. 1897 1.50

- Ueber eine Doppel-Gastrula bei Lacerta agilis. Oktav. 1897 1.--

- Die Darstellung des Binnennetzes in spinalen Ganglienzellen und anderen Körperzellen mittels Osmiumsäure. Oktav. 1902 1.--

Krause, W., Ossa Leibnitii. Mit 1 Tafel. Quart. 1902 1.--

Krönig, G., Der morphologische Nachweis des Methämoglobins im Blut. Oktav. 1910 1.--

Krüger, M., Die Alloxurbasen des Harnes. Oktav. 1898 1.--

Lewandowski, M., Ueber die Automatie des sympathischen Systems nach am Auge angestellten Beobachtungen. Oktav. 1900 1.--

Munk, H., Ueber die Ausdehnung der Sinnessphären in der Grosshirnrinde. Oktav. 1899 1.--

- - 2. Mitteilung. Oktav. 1900 2.--

- - 3. Mitteilung (Schluss). Oktav. 1901 2.50

- Ueber die Folgen des Sensibilitätsverlustes der Extremität für deren Motilität. Oktav. 1903 2.50
- Ueber die Funktionen des Kleinhirns. 2.Mitteilung. Oktav. 1907 2.--
- - 3.Mitteilung.(Schluss). Oktav. 1908 2.50
- Ueber das Verhalten der niedereren Teile des Cerebrospinalsystems nach der Ausschaltung höherer Teile. Oktav. 1909 2.--
- Zur Anatomie und Physiologie der Sehsphäre der Grosshirnrinde. Oktav. 1910 2.--

Nicolaides, R., und S.Dontas, Hemmende Fasern in den Muskelnerven. Mit 2 Tafeln. Oktav. 1907 1.--

Rubner, M., Ueber Kompensation und Summation der funktionellen Leistungen des Körpers. Oktav. 1910 1.--
- Verluste und Wiedererneuerung im Lebensprozess. Oktav. 1911 2.--
- Ueber die Beteiligung endozellularer Fermente am Energieverbrauch der Zelle. Oktav. 1912 1.--
- Ueber die Nahrungsaufnahme bei der Hefezelle. Oktav. 1913 1.--
- Die Blutversorgung in ihren Beziehungen zu den Funktionen des Muskels. Oktav. 1915 1.--
- Der Aufbau der deutschen Volkskraft und die Wissenschaft. Oktav. 1919 2.--
- Der Nahrungstrieb des Menschen. Oktav. 1920 2.--
- Ansprache. Oktav. 1921 1.--
- Ueber die Wasserbindung in Kolloiden mit besonderer Berücksichtigung des quergestreiften Muskels. Quart. 1922 4.--
- Die Beziehung des Kolloidalzustandes. Oktav. 1923 1.--
- Die Beziehung zwischen Nahrungsaufwand und körperlichen Leistungen des Menschen. Oktav. 1926 2.--
- Ueber die physiologische Bedeutung wichtiger Bestandteile der Vegetabilien mit besonderer Berücksichtigung des Lignins. Oktav. 1928 2.--
- Die Welternährung in Vergangenheit, Gegenwart und Zukunft. Oktav. 1928 2.--
- Der Kampf des Menschen um das Leben. Oktav. 1928 2.50

Schneider, R., Verbreitung und Bedeutung des Eisens im animalischen Organismus. Oktav. 1922 1.--

Tonkoff, W., Experimentelle Erzeugung von Doppelbildungen bei Triton. Oktav. 1900 1.--

Waldeyer, W., Beiträge zur Anatomie der männlichen Harnröhre. Oktav. 1899 1.--
- Die Kolon-Nischen, die Arteriae colicae und die Arterienfelder der Bauchhöhle, nebst Bemerkungen zur Topographie des Duodenum und Pankreas. Mit 4 Tafeln. Quart. 1900 4.50
- Gedächtnisrede auf Rudolf Virchow. Quart. 1903 2.--
- Bemerkungen über das "Tibiale externum". Oktav. 1904 1.--
- Gehirne südwestafrikanischer Völker. Oktav. 1906 1.--
- Ueber Gehirne menschlicher Zwillings- und Drillingsfrüchte verschiedenen Geschlechts. Oktav. 1907 1.--

- Die Magenstrasse. Oktav. 1908 1.--
- Der Processus retromastoideus. Die Crista, der Sulcus und die Tubercula supramastoidea nebst Bemerkungen über die Liniae Nuchae, die Crista occipitalis und die Impressiones occipitales. Mit 3 Tafeln. Quart. 1909 3.--
- Das Skelett eines Scheinzwitters. Oktav. 1913 1.--

Waldeyer-Hartz, W.v., Die Intraparietalnähte. Mit 4 Tafeln. Quart. 1917 5.--

20. Anthropologie, Ethnologie

Bernstein, F., Beiträge zur Mendalistischen Anthropologie I Oktav. 1925	1.--
- - II. Oktav. 1925	1.--
- und P.Schläper, Ueber die Tonlage der menschlichen Singstimme. Oktav. 1922	1.--
Dilthey, W., Die Funktion der Anthropologie in der Kultur des 16. und 17. Jahrhunderts. Oktav. Nachtrag. 1904	2.--
Ehrenberg, Ch.G., Beobachtung einer auffallenden, bisher unerkannten Struktur des Seelenorgans bei Menschen und Tieren. Mit 6 Tafeln. Quart. 1836	8.--
- Ueber die roten Erden als Speise der Guinea-Neger. Quart. 1868	2.20
Fick, R., Massverhältnisse an den oberen Gliedmassen des Menschen und den Gliedmassen des Menschenaffen. Oktav. 1926	2.50
Gorjanovic-Kramberger, Der Unterkiefer der Eskimos (Grönländer) als Träger primitiver Merkmale. Oktav. 1910	1.--
Klaatsch, H., Die Interzellularstrukturen an der Keimblase des Amphioxus. Oktav. 1898	1.--
- Der kurze Kopf des Musculus biceps femoris. Seine morphologische und stammesgeschichtliche Bedeutung. Oktav. 1900	1.--
- Morphologische Studien zur Rassendiagnostik der Turfanschädel. Mit 4 Tafeln. Quart. 1913	5.--
Malone, E., Ueber die Kerne des menschlichen Diencephalon. Quart. 1910	6.--
Poll, H., Mischlingsstudien. VII. Mit 2 Tafeln. Oktav. 1912	2.--
Virchow, R., Beiträge zur physischen Anthropologie der Deutschen mit besonderer Berücksichtigung der Friesen. Mit 5 Tafeln. Zweiter Abdruck. Quart. 1877	20.--
- Ueber die Weddas von Ceylon und ihre Beziehungen zu den Nachbarstämmen. Quart. 1881	8.--
- Alttrojanische Gräber und Schädel. Mit 13 Tafeln. Quart. 1882	12.20
- Ueber alte Schädel von Assos und Cypern. Quart. 1884	5.--
- Ueber die kulturgeschichtliche Stellung des Kaukasus mit besonderer Berücksichtigung der ornamentierten Bronzegürtel aus transkaukasischen Gräbern. Mit 4 Tafeln. Quart. 1895	6.50
- Die Bevölkerung der Philippinen. I. Oktav. 1897	1.--
- - II. Mitteilung. Oktav. 1899	1.--
- Ueber die ethnologische Stellung der prähistorischen und protohistorischen Aegypter nebst Bemerkungen über Entfärbung und Verfärbung der Haare. Mit 2 Tafeln. Quart. 1898	3.--

Diels, H., Die Handschriften der antiken Aerzte. I.Teil. Hippokrates und Galenos. Quart. 1905 | 8.--

- - II. Teil. Die übrigen griechischen Aerzte ausser Hippokrates und Galenos. Quart. 1906 | 7.--
- Beiträge zur Zuckungsliteratur des Okzidents und Orients. I: Die griechischen Zuckungsbücher (Melampus ΠΕΡΙ ΠΑΛΜΩΝ Quart. 1908 | 2.--
- - II: Weitere griechische und aussergriechische Literatur und Volksüberlieferung. Quart. 1909 | 5.--
- Ueber einen neuen Versuch, die Echtheit einiger Hippokratischen Schriften nachzuweisen. 16 S. Oktav. 1910 | 1.--
- Die handschriftliche Ueberlieferung des Galenschen Kommentars zum Propheticum des Hippokrates. 41 S. Quart. 1912 | 2.50
- Die Entdeckung des Alkohols. 35 S. Quart. 1913 | 2.--

Meissner, B., Ein neubabylonisches Zuckungsbuch. Oktav. 1921 | 1.--

Mewaldt, J., Die Editio princeps von Galenos. In Hippocratis de natura hominis. Mit 1 Tafel. 12 S. Oktav. 1912 | 1.--

- Eine Fälschung Chartiers in Galens Schrift über das Koma. 15 S. Oktav. 1913 | 1.--

Meyerhoff, M., Ueber das Leidener arabische Fragment von Galens Schrift. Ueber die medizinischen Namen. Oktav. 1928 | 2.--

- Ueber echte und unechte Schriften Galens nach arabischen Quellen. Oktav. 1928 | 2.--

Morgenroth, J., und L.Halberstaedter, Ueber die Beinflussung der experimentellen Trypanosomeninfektion durch Chinin und Chininderivate. Oktav. 1911 | 1.--

Neuberg, C., Ueber Hydrotropie. 9 S. Oktav. 1916 | 1.--

- Ueber eine allgemeine Beziehung der Aldehyde zu der alkoholischen Gärung und den Atmungsvorgängen. 15 S. Oktav. 1918 | 1.--

Orth, J., Ueber Resorption körperlicher Elemente im Darm, mit besonderer Berücksichtigung der Tuberkelbazillen. (Unter teilweiser Mitarbeit von Dr.Lydia Rabinowitsch.) Oktav. 1908 | 1.--

- Ueber einige Krebsfragen. Oktav. 1909 | 1.--
- Ueber Atrophie der Harnkanälchen. 15 S. Oktav. 1911 | 1.--
- Ueber Rinder- und Menschentuberkulose. Eine historisch-kritische Betrachtung. 25 S. Oktav. 1912 | 2.--
- Zur Frage nach den Beziehungen des Alkoholismus zur Tuberkulose. Oktav. 1914 | 2.--
- Ueber eine Geschwulst des Nebennierenmarks nebst Bemerkungen über die Nomenklatur der Geschwülste. Oktav. 1914 | 1.--
- Zur Frage nach den Beziehungen des Alkoholismus zur Tuberkulose. 2.Mitteilung. Oktav. 1916 | 2.--
- Zur Nomenklatur der Tuberkulose. Oktav. 1917 | 2.--

- Ueber Traumen- und Nierenerkrankungen. Oktav. 1919 — 2.--
- Trauma und Erkrankungen der Knochen und Gelenke I. Oktav. 1920 — 2.--
- - II. Oktav. 1920 — 2.50
- - III. Oktav. 1921 — 2.--
- Unfälle und Aneurysmen. Kasuistische Mitteilungen aus meiner Gutachtertätigkeit. Oktav. 1921 — 2.--

Schöne, H., Eine Streitschrift Galens gegen die empirischen Aerzte. Oktav. 1901 — 1.--
- Ein Palimpsestblatt des Galen aus Bobbio. Oktav. 1902 — 1.--
- Verbesserungen zum Galentext. Oktav. 1924 — 1.--

22. Geographie

Albrecht, Th., Neue Bestimmung des geographischen Längenunterschiedes Potsdam-Greenwich. Oktav. 1904 — 1.--

Archiv des Erdmagnetismus. Eine Sammlung der wichtigsten Ergebnisse erdmagnetischer Beobachtungen in einheitlicher Darstellung. 1.Heft. Mit Unterstützung der Kgl.Preuss.Akademie der Wissenschaften bearb. und herausg. von A.Schmidt Quart. 1903 — 4.50

Assmann, R., Ueber die Existenz eines wärmeren Luftstromes in der Höhe von 10-15 Kilometern. Oktav. 1902 — 1.--

- Beobachtungen am Aeronautischen Observatorium über Temperaturumkehrungen. Oktav. 1903 — 1.--

Bezold, W.v., Zur Theorie des Erdmagnetismus.Oktav. 1897 — 2.50

- Ueber klimatologische Mittelwerte für ganze Breitenkreise. Oktav. 1902 — 1.--
- und A.Schmidt, Vorschlag zu einer magnetischen Vermessung eines ganzen Parallelkreises zur Prüfung der Grundlagen der Gaußschen Theorie des Erdmagnetismus. Mit 1 Tafel. Oktav. 1903 — 1.--

Bickel, A., Ueber den Einfluss des Morphiums auf die Magen- und Pankreassaftsekretion. Nach gemeinschaftlich mit L.Pincussohn angestellten Versuchen. Oktav. 1907 — 1.--

- Und P.Jacob, Ueber neue Beziehungen zwischen Hirnrinde und hinteren Rückenmarkswurzeln. Oktav. 1900 — 1.--

Branca, W. (früher Branco), Das vulkanische Vorries und seine Beziehungen zum vulkanischen Riese bei Nördlingen. Mit 1 Tafel. Quart. 1903 — 5.50

- Die Gries-Breccien des Vorrieses als von Spalten unabhängige, früheste Stadien embryonaler Vulkanbildung. Oktav. 1903 — 1.--
- Zur Spaltenfrage der Vulkane. Oktav. 1903 — 2.--
- Die Anwendung der Röntgenstrahlen in der Paläontologie. Mit 4 Tafeln und 13 Textfiguren. Quart. 1906 — 5.--
- Müssen Intrusionen notwendig mit Aufpressung verbunden sein? Mit kurzer Anwendung auf das vulkanische Ries bei Nördlingen. 29 S. Oktav. 1912 — 2.--
- Ziele vulkanologischer Forschung. Eine Begründung des Antrages der Berliner Akademie der Wissenschaften auf Internationalisierung der vulkanologischen Forschung. Mit 1 Tafel. 47 S. Oktav. 1913 — 2.50
- Bericht über die mir zugegangenen Urteile der Fachgenossen, betreffend die in "Ziele vulkanologischer Forschung" von mir gemachten Vorschläge. 67 S. Quart. 1914 — 2.50
- Einige Betrachtungen über die ältesten Säuger der Trias- und Liaszeit. 77 S. Quart. 1915 — 3.--
- Die vier Entwicklungsstadien des Vulkanismus und die Frage seiner internationalen Erforschung. Oeffentlicher Vortrag am Friedrichstage. 18 S. Oktav. 1915 — 2.--

- Bisherige Ergebnisse der Untersuchung der von Dr.Reck in der Serengeti-Steppe, Deutsch-Ostafrika, ausgegrabenen Reste von Säugetieren. 19 S. Oktav. 1915 2.--

- Ueber die Bedeutung der magnetischen Erdbeben gegenüber den tektonischen. Oktav. 1917 2.--

- und E.Fraas, Das vulkanische Ries bei Nördlingen in seiner Bedeutung für Fragen der allgemeinen Geologie. Mit 2 Tafeln. Quart. 1901 8.--

- - Beweis für die Richtigkeit unserer Erklärung des vulkanischen Ries bei Nördlingen. Oktav. 1901 2.--

- - Das kryptovulkanische Becken von Steinheim. Mit 2 Tafeln. Quart. 1905 3.50

- - Die Lagerungsverhältnisse bunter Breccie an der Bahnlinie Donauwörth-Treuchtlingen und ihre Bedeutung für das Riesenproblem. Mit 1 Tafel. Quart. 1907 3.--

Dannenberg, A., Der Monte Ferru in Sardinien. I. Mit 5 Abbildungen. Oktav. 1903 1.--

Deecke, W., Der Strelasund und Rügen. Eine tektonische Studie. Oktav. 1906 1.--

Dove, H.W., Darstellung der Wärmeerscheinungen durch fünftägige Mittel von 1782-1855 mit besonderer Berücksichtigung strenger Winter.
I. Teil. Quart. 1856 9.--
II. Teil. Quart. 1863 3.80
III. Teil. Enthaltend die Abweichungen von 1863-69 inkl. Quart. 1870 7.50

- Ueber die täglichen Veränderungen der Temperatur der Atmosphäre. Quart. 1856 1.40

- Ueber die Rückfälle der Kälte im Mai. Quart. 1857 2.40

- Ueber die nicht-periodischen Aenderungen der Temperaturverteilung auf die Oberfläche der Erde in dem Zeitraume von 1729-1855. VI. Teil. Quart. 1859 8.50

- Die Ergebnisse zwölfjähriger, neunmal täglich von Herrn Dr.Lose in Krefeld angestellter Beobachtungen. Mit 4 Tafeln. Quart. 1861 3.60

- Ueber die mittlere und absolute Veränderlichkeit der Temperatur der Atmosphäre. Quart. 1867 3.20

- Ueber den Sturm vom 17. November 1866. Mit 2 Tafeln. Quart. 1868 2.--

- Ueber die Witterung des Jahres 1875 und Anfang 1876. Quart. 1876 2.50

Eschenhagen, M., Ueber schnelle periodische Veränderungen des Erdmagnetismus von sehr kleiner Amplitude. Mit 1 Tafel. Oktav. 1897 1.--

Ficker, H.v., Temperaturgradienten bei Föhn. Oktav. 1925 1.--

- Das meteorologische System von Wilhelm Blasius. Oktav. 1927 2.--

- Bemerkungen über die meteorologischen Verhältnisse Teneriffas. Oktav. 1928 1.--

- Der Sturm in Norddeutschland am 4.Juli 1928. Quart. 1929 2.50

Grunmach, L., Ueber neue Methoden und Apparate zur Messung von Erderschütterungen kleiner Periode. (Nach gemeinsam mit F.Weidert ausgeführten Untersuchungen.) Mit 1 Tafel. Oktav. 1909 1.--

Hellmann, G., Ueber die relative Regenarmut der deutschen Flachküsten. Oktav. 1904 1.--

- Ueber den Charakter der Sommerregen in Norddeutschland. Oktav. 1912 2.--
- Ueber die Herkunft der Staubfälle im "Dunkelmeer". Oktav. 1913 1.--
- Psychologisch bedingte Fehler bei meteorologischen Beobachtungen. Oktav. 1913 1.--
- Ueber die Bewegung der Luft in den untersten Schichten der Atmosphäre. I.Mitteilung. Oktav. 1914 2.--
- Ueber die Verteilung der Niederschläge in Norddeutschland. Oktav. 1914 1.--
- Ueber die ägyptischen Witterungsangaben im Kalender von Claudius Ptolemäus. Oktav. 1916 1.--
- Ueber die angebliche Zunahme der Blitzgefahr. Oktav. 1917 1.--
- Ueber die Bewegung der Luft in den untersten Schichten der Atmosphäre. Zweite Mitteilung. Oktav. 1917 2.--
- Ueber strenge Winter. Oktav. 1917 2.--
- Ueber die nächtliche Abkühlung der bodennahen Luftschicht. Oktav. 1918 1.--
- Ueber milde Winter. Oktav. 1918 1.--
- Ueber warme und kalte Sommer. Oktav. 1918 2.--
- Neue Untersuchungen über die Regenverhältnisse in Deutschland. 1.Mitteilung. Oktav. 1919 1.--
- - 2. Mitteilung. Oktav. 1921 1.--
- Ueber die Bewegung der Luft in den untersten Schichten der Atmosphäre. 3.Mitteilung. Oktav. 1919 1.--
- Isothermen von Deutschland. Oktav. 1920 1.--
- Beiträge zur Erfindungsgeschichte meteorologischer Instrumente. Quart. 1920 2.50
- Die Meteorologie in den deutschen Flugschriften und Flugblättern des XVI. Jahrhunderts. Quart. 1921 5.--
- Der Nebel in Deutschland. Oktav. 1921 2.--
- Neue Untersuchungen über die Regenverhältnisse von Deutschland. 3.Mitteilung. (Jahresverlauf). Oktav. 1922 1.--
- Die Sonnenscheindauer in Deutschland. Oktav. 1922 2.--
- Störungen im jährlichen Gange der Temperatur in Deutschland. Oktav. 1923 1.--
- Ueber den Ursprung der volkstümlichen Wetterregeln (Bauernregeln). Oktav. 1923 2.--
- Physiognomie des Regens in der gemässigten und in der Tropenzone. Oktav. 1923 2.--
- Untersuchungen über die jährliche Periode der Niederschläge in Europa. Oktav. 1924 2.--
- Versuch einer Geschichte der Wettervorhersage im 16.Jahrhundert. Quart. 1924 3.--
- Grenzwerte der Klimaelemente auf der Erde. Oktav. 1925 1.--
- Verbreitung der Hydrometeore auf der Erde. Oktav. 1925 1.--
- Wasserhosen auf dem atlantischen Ozean. Oktav. 1925 1.--

- Ueber die Wetterlage bei guter Fernsicht von den Bergeshöhen. Oktav. 1925 — 1.--

- Die Entwicklung der meteorologischen Beobachtungen in Deutschland von den ersten Anfängen bis zur Erichtung staatlicher Beobachtungsnetze. Quart. 1926 — 3.50

- Die Entwicklung der meteorologischen Beobachtungen bis zum Ende des 18. Jahrhunderts. Quart. 1927 — 7.--

Helmert, F.R., Zur Bestimmung kleiner Flächenstücke des Groids aus Lotabweichungen mit Rücksicht auf Lotkrümmung. Oktav. 1900 — 2.--

- - II. Mitteilung. Oktav. 1901 — 2.--

- Der normale Teil der Schwerkraft im Meeresniveau. Oktav. 1901 — 1.--

- Ueber die Reduktion der auf der physischen Erdoberfläche beobachteten Schwerebeschleunigungen auf ein gemeinsames Niveau. Oktav. 1902 — 1.--

- - II. Mitteilung. Oktav. 1903 — 2.--

- Zur Ableitung der Formel von C.F. Gauss für den mittleren Beobachtungsfehler und ihrer Genauigkeit. Oktav. 1904 — 1.--

- Ueber die Genauigkeit der Kriterien des Zufalls bei Beobachtungsreihen. Oktav. 1905 — 2.--

- Die Grösse der Erde. I.Mitteilung. Oktav. 1906 — 1.--

- Bestimmung der Höhenlage der Insel Wangeroog durch trigonometrische Messungen im Jahre 1888. Oktav. 1907 — 2.--

- Trigonometrische Höhenmessung und Refraktionskoeffizienten in der Nähe der Meeresspiegel. Oktav. 1908 — 2.--

- Unvollkommenheiten im Gleichgewichtszustande der Erdkruste Oktav. 1908 — 1.--

- Die Tiefe der Ausgleichsfläche bei der Prattschen Hypothese für das Gleichgewicht der Erdkruste und der Verlauf der Schwerestörung vom Innern der Kontinente und Ozeane nach den Küsten. Oktav. 1909 — 1.--

- Ueber die Genauigkeit der Dimensionen des Hayfordschen Edellipsoids. Oktav. 1911 — 1.--

- Die Erfahrungsgrundlagen der Lehre vom allgemeinen Gleichgewichtszustande der Massen der Erdkruste. Oktav. 1912 — 2.--

- Die Bestimmung des Geoids im Gebiete des Harzes. Oktav. 1913 — 1.--

- Die isostatische Reduktion der Lotrichtungen. Oktav. 1914 — 1.--

- Neue Formeln für den Verlauf der Schwerkraft im Meeresniveau beim Festlande. Oktav. 1915 — 1.--

Humboldt, A., Bericht über die naturhistorischen Reisen der Herren Ehrenberg und Hemprich durch Aegypten, Dongola, Syrien, Arabien und den östlichen Abfall des Habessinischen Hochlandes in den Jahren 1820-25. Quart. 1826 — 1.--

Lepsius, R., Die Höttinger Breccie bei Innsbruck in Tirol. Oktav. 1914 — 1.--

Lüdeling, G., Ueber die tägliche Variation des Erdmagnetismus an Polarstationen. Oktav. 1898 — 1.--

- Ueber den täglichen Gang der erdmagnetischen Störungen an Polarstationen. Oktav. 1899 — 1.--

Merz, A., Die deutsche atlantische Expedition auf dem Vermessungs- und Forschungsschiff "Meteor". Oktav. 1925 2.--

Mildbraed, J., Die Vegetationsverhältnisse der zentralafrikanischen Seenzone vom Viktoria-See bis zu den Kiwu-Vulkanen. Bericht über die botanischen Ergebnisse der Expedition des Herzogs Adolf Friedrich zu Mecklenburg 1907-08. Oktav. 1909 2.--

Mitscherlich, E., Ueber die vulkanischen Erscheinungen in der Eifel und über die Metamorphie der Gesteine durch erhöhte Temperatur. Im Auftrage der Kgl.Akademie der Wissenschaften zu Berlin, herausg. von J.Roth. Mit 5 Tafeln. Quart. 1865 10.50

Penck, A., Antarktische Probleme. Oktav. 1914 2.--

- Die Höttinger Breccie. Quart. 1921 17.50
- Die Terrassen des Isertales in den Alpen. Oktav. 1922 2.--
- Ablagerungen und Schichtstörungen der letzten Interglazialzeit in den nördlichen Alpen. Oktav. 1922 2.50
- Glazialgeologische Beobachtungen in den bayerischen Hochalpen.
  Alte Breccien und junge Krustenbewegungen in den bayerischen Hochalpen.
  Die Eiszeit in den bayerischen Hochalpen. Oktav. 1925 2.50
- Der postglaziale Vulkan von Köfels. Oktav. 1925 1.--
- Die Ursachen der Eiszeit. Oktav. 1928 2.--
- Geomorphologische Probleme im fernen Westen Nordamerikas. Oktav. 1929 2.--

Pompeckj, J.F., Die Auffassung vom Vulkanismus seit Leopold von Buch. Oktav. 1925 2.--

Przybyllok, E., Ueber eine Bestimmung der Nutationskonstante aus Beobachtungen des Internationalen Breitendienstes. Oktav. 1916 1.--

Reck, H., Das vulkanische Horstgebirge Dyngjufjöll mit den Einbruchskalderen der Askja und des Knebelsees sowie dem Rudloffkrater in Zentralisland. Quart. 1910 8.--

Reinke, J., Die Entwicklungsgeschichte der Dünen an der Westküste von Schleswig. Oktav. 1903 1.--

Richthofen, F.v., Geomorphologische Studien aus Ostasien. III. Die morphologische Stellung von Formosa und den Riukiu-Inseln. Mit 1 Tafel. Oktav. 1902 2.--

IV. V. Ueber Gebirgskettungen in Ostasien, mit Ausschluss von Japan. Gebirgskettungen im japanischen Bogen. Oktav. 1903 2.50

Schellwien, E., Bericht über die Ergebnisse einer Reise in die karnischen Alpen und die Karawanken. Oktav. 1898 1.--

Schmidt, A., Ueber die Bestimmung des allgemeinen Potentials beliebiger Magnete und die darauf begründete Berechnung ihrer gegenseitigen Einwirkung. Oktav. 1907 2.--

Siegel, J., Beiträge zur Kenntnis des Vaccineerregers. Oktav. 1904 1.--

- Untersuchungen über die Aetiologie des Scharlachs. Mit 1 Tafel. Quart. 1905 1.--
- Untersuchungen über die Aetiologie der Pocken und der Maul- und Klauenseuche. Mit 2 Tafeln. Quart. 1905 2.50

- •Untersuchungen über die Aetiologie der Syphilis. Quart. 1905 2.--

Süring, R., Ueber Neigungen von Wolkenschichten. Oktav. 1918 1.--

Virchow, R., Die Bevölkerung der Philippinen. I. Oktav. 1897 1.--

- - II. Mitteilung. Oktav. 1899 1.--

Volz, W., Vorläufiger Bericht über eine Forschungsreise zur Untersuchung des Gebirgsbaues und der Vulkane von Sumatra in den Jahren 1904 bis 1906. Oktav. 1907 1.--

Walther, J., Die Sedimente der Taubenbank im Golfe von Neapel. Mit einer Sedimentkarte der Taubenbank und einer ozeanologischen Uebersichtskarte des Golfes. Quart. 1911 3.--

Wenkebach, E., Pseudogalenische Kommentare zu den Epidemien des Hippokrates. Quart. 1917 3.50

- Das Proömium der Kommentare Galens zu den Epidemien des Hippokrates. Quart. 1918 3.--

- Beiträge zur Textgeschichte der Epidemiekommentare Galens. I.Teil. Quart. 1928 14.50

- - II. Teil. Quart. 1928 15.--

Bezugsbedingungen

für die ab 1. Januar 1930 erscheinenden Sitzungsberichte der Preußischen Akademie der Wissenschaften

1. Jede einzelne Arbeit ist wie bisher separat käuflich.

2. Ferner wird eine Subskription nach Fachgruppen eröffnet. Folgende Gruppen sind vorläufig in Aussicht genommen:

a) Mathematik.
b) Physik, Chemie, Mineralogie, Astronomie, Astrophysik, Technik.
c) Geophysik, Geodaesie, Geologie, Geographie.
d) Botanik, Zoologie, Palaeontologie, Anatomie, Physiologie.
e) Philosophie.
f) Geschichte des Altertums.
g) Mittlere und neuere Geschichte.
h) Kirchengeschichte.
i) Rechts- und Staatswissenschaft.
k) Allgemeine, deutsche und andere neuere Philologie.
l) Klassische Philologie.
m) Orientalische Philologie.
n) Kunstwissenschaft, Archäologie und Vorgeschichte.

Die Subskribenten auf eine oder mehrere dieser Fachgruppen erhalten alle zu der betreffenden Gruppe gehörigen Arbeiten (einschließlich der nicht im Buchhandel erscheinenden kleinen Mitteilungen) mit einem Preisnachlaß von 20 Prozent.

Die Subskription verpflichtet zur Abnahme aller im Laufe eines Kalenderjahres in der betreffenden Fachgruppe erscheinenden Arbeiten. Sie kann jederzeit eröffnet werden, jedoch nicht mit rückwirkender Kraft. Wird die Subskription nicht spätestens zum 1. Dezember widerrufen, so gilt sie als stillschweigend erneuert für das folgende Jahr.

Die Subskription erfolgt beim ortsansässigen Buchhändler, der alles weitere erledigt.

3. Endlich erscheinen die »Sitzungsberichte« auch wie bisher in Jahresbänden, die ebenso durch Subskription erhältlich sind, und zwar getrennt in »physikalisch-mathematische Klasse« und »philosophisch-historische Klasse«. Die Subskription auf die Jahresbände erfolgt in derselben Weise wie die Subskription auf die einzelnen Fachgruppen. Das bisherige Abonnement fällt fort.

Für jedes einzelne Heft der »Sitzungsberichte« wird (entsprechend dem Verkaufspreis der darin enthaltenen Arbeiten) ein fester Ladenpreis angesetzt. Den Subskribenten auf die Jahresbände der »Sitzungsberichte« einer einzelnen Klasse wird ein Preisnachlaß von 40 Prozent auf die Preise der einzelnen Hefte, den Subskribenten auf beide Klassen ein solcher von 50 Prozent gewährt.

Walter de Gruyter & Co. / Berlin W 10 und Leipzig

FSC
www.fsc.org
MIX
Papier | Fördert gute Waldnutzung
FSC® C083411

Kolibri 360 GmbH
Ferdinand-Jühlke-Straße 7
99095 Erfurt, Deutschland
produktsicherheit@kolibri360.de